农产品安全生产技术丛书

瘦肉型猪
安全生产技术指南

李学俭　主　编

U0336685

中国农业出版社

编写人员

主　　编　李学俭

副主编　潘树德

参　　编（按姓名笔画排列）

王昕陟　丛玉艳

边连全　刘希颖

刘显军　刘海英

杨桂芹　张　飞

郗伟斌　董维国

前 言

人们对猪肉品质的要求已经由最初的脂肪型转变为瘦肉型。国内外市场对瘦猪肉的需求量与日俱增,从发展趋势看,瘦肉型猪将成为主要的商品猪。但猪的饲养环节仍然存在很多问题,如良种化程度低、饲养技术落后、疾病防控体系不健全、滥用兽药和添加剂以及对动物福利制度的重视程度不够等。处于经济全球化的当下,随着世界经济的发展,人们会越来越重视生态环境的保护及畜产品的安全问题,所以发展瘦肉型猪,普及瘦肉型猪的安全生产技术已成当务之急。

本书根据现在瘦肉型猪生产中存在的主要问题,对品种、繁殖与改良、种猪选择、营养与饲料、猪场建造、饲养管理、猪病防制以及猪的保健等有关安全生产方面的内容进行了阐述。本书内容除了包括编者多年在动物生产中的体会外,还有现代生产中推广的一些经验及国内外养猪业中最新的一些关键技术,并参考了大量的文献资料。本书适合广大养猪业生产经营者、科技工作人员和管理人员参考。

由于水平有限,难免出现纰漏,不当之处恳请专家及读者批评指正。

编 者

目 录

□□□□□□□□□□□□□□□□

前言

第一章　瘦肉型猪的品种及利用 ┈┈┈┈┈┈ 1

　第一节　瘦肉型猪的特点 ┈┈┈┈┈ 1

　第二节　瘦肉型猪的品种、品系及其利用 ┈┈┈┈ 2

　　一、国外著名的瘦肉型猪品种及其利用 ┈┈┈┈ 2

　　二、我国培育的瘦肉型猪品种及其利用 ┈┈┈┈ 7

　　三、我国培育的瘦肉型猪品系及其利用 ┈┈┈ 11

　　四、我国地方良种瘦肉型猪 ┈┈┈┈ 17

第二章　瘦肉型猪安全生产的良种繁育与改良 ┈┈┈ 20

　第一节　猪的育种 ┈┈┈┈┈ 20

　第二节　纯种繁育 ┈┈┈┈┈ 21

　　一、纯种繁育和效应 ┈┈┈┈ 21

　　二、纯种繁育方法 ┈┈┈┈ 22

　第三节　杂交繁育 ┈┈┈┈┈ 23

　　一、杂交繁育和效应 ┈┈┈┈ 23

　　二、杂交繁育方法 ┈┈┈┈ 23

　第四节　瘦肉型猪重要的数量性状 ┈┈┈┈ 27

　　一、数量性状 ┈┈┈┈ 27

　　二、不同数量性状的改良方法 ┈┈┈┈ 28

　第五节　种猪的选择 ┈┈┈┈ 29

　　一、种猪购进注意事项 ┈┈┈┈ 29

　　二、公猪的选择 ┈┈┈┈ 29

三、后备母猪的选择 ································ 31

四、公、母猪的初配年龄及体况要求 ············· 33

第六节 选配 ····································· 34

一、品质选配 ································· 34

二、年龄选配 ································· 35

三、亲缘选配 ································· 35

第三章 瘦肉型猪安全生产的营养与饲料配制 ·········· 36

第一节 各种营养物质的作用 ························ 36

一、水分 ··································· 36

二、蛋白质 ································· 37

三、糖类 ··································· 38

四、脂肪 ··································· 39

五、无机盐 ································· 40

六、维生素 ································· 43

七、能量 ··································· 45

第二节 猪常用饲料的特点及利用 ··················· 46

一、粗饲料 ································· 46

二、青饲料 ································· 49

三、能量饲料 ······························· 51

四、蛋白质饲料 ····························· 58

五、矿物质饲料 ····························· 61

六、维生素饲料 ····························· 63

七、添加剂饲料 ····························· 63

第三节 瘦肉型猪安全生产的饲料配制 ··············· 70

一、瘦肉型猪的营养要求 ····················· 70

二、瘦肉型猪安全生产的饲养原则 ··············· 71

三、影响饲用原料安全的质量要求 ··············· 71

四、药物性饲料添加剂及安全使用原则 ··········· 72

　　五、全价配合饲料、浓缩饲料和添加剂
　　　　预混合饲料的安全生产要求 ·············· 72

　　六、饲料的安全采购和贮存 ·············· 75

　　七、饲料配制 ·············· 75

第四章　瘦肉型猪安全生产的建筑与设备 ·············· 86

第一节　场址选择的基本要求 ·············· 86

第二节　建筑要求 ·············· 90

　　一、合理布局 ·············· 90

　　二、猪舍建筑考虑的因素 ·············· 91

第三节　猪舍的环境要求 ·············· 92

第四节　猪舍的建筑设计及常用设备 ·············· 95

　　一、猪舍的形式 ·············· 95

　　二、猪舍的基本结构 ·············· 95

　　三、猪舍的类型 ·············· 97

　　四、猪场设施与常用设备 ·············· 98

第五章　瘦肉型猪安全生产的饲养管理 ·············· 105

第一节　种公猪的饲养管理 ·············· 105

　　一、种公猪的引进 ·············· 105

　　二、种公猪的饲养 ·············· 105

　　三、种公猪的管理 ·············· 107

　　四、种公猪的合理利用 ·············· 110

　　五、种公猪饲养管理中的常见问题 ·············· 111

第二节　待配母猪的饲养管理 ·············· 114

　　一、配种前母猪的饲养 ·············· 114

　　二、待配母猪的管理 ·············· 115

　　三、母猪的发情、排卵与不发情处理 ·············· 117

第三节　妊娠母猪的饲养管理 ·············· 120

　　　一、妊娠母猪的饲养 ……………………………………… 120
　　　二、妊娠母猪的管理 ……………………………………… 123
　　　三、妊娠母猪流产、死胎的原因分析 …………………… 125
　　第四节　哺乳母猪的饲养管理 ……………………………… 127
　　　一、母猪分娩前的饲养管理 ……………………………… 127
　　　二、哺乳母猪的饲养管理 ………………………………… 129
　　　三、母猪哺乳期常遇到的问题 …………………………… 133
　　第五节　仔猪的饲养管理 …………………………………… 134
　　　一、初生仔猪的培育 ……………………………………… 134
　　　二、断乳仔猪的饲养管理 ………………………………… 141
　　第六节　商品瘦肉型猪安全生产的饲养管理 ……………… 145
　　　一、商品肉猪的生长发育规律 …………………………… 146
　　　二、肥育猪的饲养方式 …………………………………… 149
　　　三、提高商品瘦肉型猪的肥育效果的措施 ……………… 150
　　　四、肥育猪的饲喂技术 …………………………………… 154
　　　五、肥育猪的管理 ………………………………………… 160

第六章　瘦肉型猪安全生产的疾病防制 ……………………… 166
　　第一节　猪的腹泻性疾病 …………………………………… 166
　　　一、疾病特点 ……………………………………………… 166
　　　二、发病原因 ……………………………………………… 166
　　　三、流行特点、症状和病理变化 ………………………… 167
　　　四、诊断 …………………………………………………… 174
　　　五、防制措施 ……………………………………………… 177
　　第二节　猪的繁殖障碍性疾病 ……………………………… 179
　　　一、发病原因 ……………………………………………… 179
　　　二、症状 …………………………………………………… 183
　　　三、防制措施 ……………………………………………… 183
　　第三节　猪的呼吸系统疾病 ………………………………… 185

一、种类 ……………………………………………… 186

二、致病因素 ………………………………………… 186

三、临床鉴别诊断要点与治疗 ……………………… 187

第四节　猪的常见寄生虫病 …………………………… 193

一、猪蛔虫病 ………………………………………… 193

二、猪弓形虫病 ……………………………………… 194

三、猪囊虫病 ………………………………………… 195

四、猪疥螨病 ………………………………………… 196

五、猪旋毛虫病 ……………………………………… 196

第五节　猪的重大疫病 ………………………………… 197

一、猪流行性感冒 …………………………………… 197

二、口蹄疫 …………………………………………… 198

三、猪瘟 ……………………………………………… 203

第六节　仔猪及育肥猪常见病 ………………………… 205

一、应激综合征 ……………………………………… 205

二、新生仔猪低糖血症 ……………………………… 208

三、疝 ………………………………………………… 210

四、相食症 …………………………………………… 212

五、硒和维生素E缺乏症 …………………………… 213

第七节　其他常见病 …………………………………… 215

一、仔猪水肿病 ……………………………………… 215

二、猪丹毒病 ………………………………………… 216

三、猪链球菌病 ……………………………………… 218

第八节　疾病预防综合措施 …………………………… 219

一、进行封闭隔离饲养 ……………………………… 219

二、引进种猪的隔离 ………………………………… 220

三、养猪场的消毒 …………………………………… 222

四、制定猪场卫生防疫规程 ………………………… 223

五、疫病监测 ………………………………………… 224

六、猪的保健 ··· 225

七、保健性药物的添加 ·································· 232

第九节 疫病控制与扑灭 ······························· 233

一、疫病控制原则 ··· 233

二、发生疫病时应采取的措施 ······················· 234

三、猪场安全用药制度 ·································· 235

四、兽药安全使用原则 ·································· 235

五、兽药安全使用的注意事项 ······················· 238

第十节 安全生产中的消毒制度 ······················· 238

第十一节 安全生产中的病猪、死猪处理制度 ········· 240

参考文献 ·· 242

第一章
瘦肉型猪的品种及利用

　　世界猪品种有 100 多种，从不同角度可将猪的品种分为不同类型。按照猪的外形特征和经济性状，可将其分为瘦肉型、脂肪型和兼用型 3 种，并规定了具体指标。瘦肉型猪又称为肉用型猪，有的地方还分为腌肉型和鲜肉型。

　　猪的经济类型是随不同时期人们对猪肉品质的不同要求而改变的。其发展规律是由脂肪型向兼用型转变，而后又向瘦肉型转变。从安全生产的发展趋势看，瘦肉型猪将成为主要的商品猪。

第一节　瘦肉型猪的特点

　　瘦肉型猪的外观特征是头小肩轻，中躯狭长，腿臀丰满，四肢高长，前后肢间距宽。体长大于胸围约 15 厘米。其主要特点是生长速度快，饲料利用率高，胴体品质好。

　　1. 生长速度快　瘦肉型仔猪初生重约为 1.5 千克，35 日龄断奶重 7～8 千克，60 日龄体重 15～20 千克，6 月龄体重 90～110 千克。生长肥育期日增重 600～900 克，有些猪在个别阶段日增重超过 1 000 克，为其他类型猪所不及。

　　2. 饲料利用率高　瘦肉型猪生长肥育期的料重比为 2.5～3.5：1，如大白猪 3.09：1、长白猪 2.95：1、杜洛克猪 2.58：1、汉普夏猪 2.95：1 等，明显高于其他类型的猪。

　　3. 胴体品质好　瘦肉型猪胴体品质好，主要表现在屠宰率72％以上，眼肌面积 30 厘米^2 以上，腿臀比例 30％以上，6～7

肋骨背膘厚度 3 厘米以下，胴体瘦肉率 55％以上，大约克夏等几个著名瘦肉型品种瘦肉率都在 60％以上。另外，他们都是很好的杂交父本，与地方猪杂交后的杂交优势明显。

4. 对饲养管理的要求高 瘦肉型猪对饲养管理的要求相对较高，特别是对饲料要求高，必须按饲养标准提供全价饲料，否则生产性能就会受影响，甚至不及地方猪。另外，随着瘦肉率的提高，猪的繁殖力有所降低，每胎产仔数减少，母性也不及地方猪强。

第二节 瘦肉型猪的品种、品系及其利用

一、国外著名的瘦肉型猪品种及其利用

1. 大白猪 原名大约克夏，是原产于英国的约克夏及其邻近地区的大型白色猪种（图 1-1 和图 1-2），是世界上著名的理想瘦肉型猪种，具有优良的遗传性能，是当今最流行的母系猪种，被世界各地先后引入以改良当地的猪种，并经风土驯化形成各具特色的品系。

图 1-1 大白母猪 　　　　　　图 1-2 大白公猪
（引自孙义和. 养猪手册） 　　（引自孙义和. 养猪手册）

大白猪体型匀称，毛色全白，头颈较长，耳直立稍前倾，脸微凹，背腰多微弓，四肢较高且粗壮，体躯长，后躯丰满。成年

公猪体重 300～500 千克，成年母猪体重 250～350 千克。性成熟较晚，繁殖力及泌乳能力强，产仔数初产母猪 9～10 头、经产母猪 10～12 头，产活仔数 10 头左右，乳头 7～8 对。后备猪 6 月龄达 100 千克，料重比 2.8～3.0：1，日增重 680～700 克，屠宰率 74% 左右，瘦肉率 63.5%，适应性强，对环境不易发生应激反应，比长白猪好养，属于氟烷应激抵抗系。缺点是蹄质不够坚实。

　　该猪在英国饲养最多，欧洲各国及加拿大、澳大利亚等国亦分布广泛。我国自 1900 年开始从德国引入该猪种。该猪种在我国的瘦肉型猪生产中起着十分重要的作用。目前在我国各地的规模猪场中普遍被用作母本。

　　2. 长白猪　原名兰德瑞斯猪，原产于丹麦，是英国大白猪与当地土种白猪杂交改良而成的，至今已有近百年历史，是世界上最优秀、分布最广的著名瘦肉型猪种（图 1-3 和图 1-4）。该猪种以体长、毛全白而得名，头狭长，颜面直，耳大前倾而下垂，背腰特别长，有肋骨 16～17 对，体长与胸围之比为 10：8～8.5，腹线平直而不松弛，前躯窄后躯宽，体呈流线形，腿臀丰满，四肢良好，蹄质稍纤细，皮薄骨细，体质结实，外貌清秀。体重成年公猪 400～500 千克、成年母猪 300 千克，性成熟较晚，繁殖性能好、泌乳量高，产仔数初产母猪 8～10 头、经产

图 1-3　长白公猪
（引自孙义和．养猪手册）

图 1-4　长白母猪
（引自孙义和．养猪手册）

母猪 9～12 头，窝均活产仔达 11.2 头，乳头 6～8 对。在良好的饲养管理条件下，后备猪 6 月龄达 90～100 千克，平均日增重 550～700 克，屠宰率 72% 左右，胴体瘦肉率 64% 左右。

目前，长白猪在世界上养猪业发达的国家均有饲养，各国利用丹麦长白培育成自己的长白猪系，如英系、荷兰系、瑞典长白、德国长白等。我国于 1964 年引进此猪种，各地的规模猪场均有饲养。缺点是四肢尤其是后肢比较软弱，易发生应激综合征，易患关节炎症、皮肤病，对饲料条件要求较高，且易发生 PSE 肉。耐寒力较差，北部地区冬季饲养需有暖舍，用作母本不如大白猪，一般作杂交的父本。

3. 杜洛克 原产于美国东北部，是以美国纽约州的杜洛克和新泽西州的泽西红为主要亲本育成的（图 1-5 和图 1-6）。被毛棕红色，深浅不一；头小清秀，嘴短直；耳中等大，略向前倾，耳尖下垂；颈短而宽，背呈弓形。体躯宽厚，全身肌肉丰满，四肢粗壮、结实，间距宽，蹄呈黑色，多直立；体重成年公猪为 340～450 千克、成年母猪为 350～390 千克，繁殖力强，产仔数初产母猪 9 头左右、经产母猪 10 头左右，活产仔 9.8 头，乳头 5～6 对；6 月龄体重超过 100 千克，日增重 650～750 克，料重比 2.7～3.0∶1，屠宰率 75% 左右，生长快、肉质好，胴体瘦肉率达 68%。突出特点是体质健壮，抗逆性强，饲养条件比

图 1-5　杜洛克公猪
（引自孙义和．养猪手册）

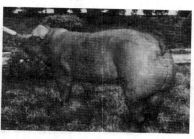

图 1-6　杜洛克母猪
（引自孙义和．养猪手册）

其他瘦肉型品种低，结果 PSE 肉发生率低。另外，该品种性情温顺，脾气好，常用作试情公猪。在我国多用作父本繁殖杂交二代商品猪，一代杂种猪日增重可达 500～600 克，胴体瘦肉率50%左右。

4. 皮特兰 又称为黑白花斑猪（图 1-7 和图 1-8），原产于比利时，后在欧洲流行，在德国有很多改良品种。

图 1-7 皮特兰公猪　　　　　图 1-8 皮特兰母猪
（引自孙义和．养猪手册）　　（引自孙义和．养猪手册）

（1）体型外貌 毛色呈灰白色并带有不规则的深黑色斑点，偶尔出现少量棕色毛。头部清秀，颜面平直，嘴大且直，双耳略微向前倾；体躯呈圆柱形，腹部平行于背部，后躯和双肩肌肉丰满，背直而宽大，体长 1.5～1.6 米。

（2）生产性能 在较好的饲养条件下，皮特兰猪生长迅速，6 月龄体重可达 90～100 千克。日增重 750 克左右，料重比2.5～2.6：1，屠宰率76%，瘦肉率高达 70%。公猪一旦达到性成熟就有较强的性欲，采精调教一般一次就会成功，射精量250～300 毫升，精子数每毫升达 3 亿个。母猪母性不亚于我国地方品种，仔猪育成率为 92%～98%。母猪的初情期一般在 190日龄，发情周期 18～21 天，初产母猪产仔数 8 头左右，经产母猪产仔数 10 头左右。

（3）杂交利用 具有杂交优势，多用作父本进行二元或三元杂交。用皮特兰公猪配上海白猪（农系），其二元杂种猪育肥期的日增重可达 650 克，体重 90 千克屠宰，胴体瘦肉率达 65%；皮特兰公猪配梅山母猪，其二元杂种猪育肥期日增重 685 克，饲料利用率为 2.88∶1，体重 90 千克屠宰，胴体瘦肉率可达 54% 左右。用皮特兰公猪配长×上杂交母猪（长白猪配上海白猪），其三元杂种猪育肥期日增重 730 克左右，饲料利用率为 2.99∶1，胴体瘦肉率为 65% 左右。

该品种早期弱点是生长较慢，肌肉纤维较粗，易发生 PSE 肉，应激敏感猪多达 60% 以上，抗逆性差，繁殖性能较差。

5. 汉普夏 原产于美国，以瘦肉率高、膘薄、眼肌面积大而闻名，我国于 20 世纪 80 年代引进。该品种全身主要为黑色，前肢白色，后肢黑色，最大特点是肩部和颈部结合处有一条白带环绕，包括肩胛部、前胸部和前肢，俗称白肩（带）猪（图 1 - 9 和图 1 - 10）。

图 1 - 9　汉普夏公猪　　　　　图 1 - 10　汉普夏母猪
（引自孙义和. 养猪手册）　　　（引自孙义和. 养猪手册）

（1）体型外貌　头大小适中，颜面直，耳向上直立，中躯较宽，背腰粗短，体躯紧凑、呈拱形。背最长肌和后躯肌肉发达。

（2）生产性能　体重成年公猪 315～410 千克、成年母猪 250～340 千克，母猪母性强但繁殖性能较低，乳头 6～7 对，产仔数初产母猪 8 头左右、经产母猪 9 头左右，乳猪初生重 1.3 千克。6 月龄体重超过 90 千克，日增重 650～850 克，料重比

2.7～3.0：1，胴体品质好，屠宰率 75% 左右，瘦肉率 65%
以上。

缺点是四肢病较多，耐热性较差，由于过去在选育中过于强
调提高其瘦肉率，所以导致其肉色苍白，肌肉柔软，系水力变差
即 PSE 猪肉。由于该品种猪具有体质结实、公猪性欲强、瘦肉率
高、膘薄等特点，所以该种猪是杂交组合中较为理想的杂交父本。
针对其繁殖性能良好，母性较强，所以在杂交组合中也可作母本。

二、我国培育的瘦肉型猪品种及其利用

1. 三江白猪　是我国在当地特定条件下培育的第一个瘦肉
型猪种，是以长白猪和东北民猪为亲本进行正反交，再用长白猪
回交，经 6 个世代定向选育 10 余年培育而成。主要产于黑龙江
省东北部台江地区。

（1）体型外貌　头轻嘴直，两耳下垂。背腰宽平，腿臀丰
满。四肢粗壮，蹄质坚实。被毛全白，毛丛稍密。乳头 7 对，腹
线平直，具有瘦肉型猪的体躯结构。体重成年公猪 275 千克、成
年母猪 225 千克。

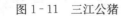

图 1-11　三江公猪　　　　　　　图 1-12　三江母猪

（2）生长肥育性能　初生个体重 1.21 千克，窝重 15.2 千
克；50 日龄断奶窝重 130.2 千克，个体重 13.4 千克，窝成活
9.7 头。肉猪 6 月龄体重可达 90 千克，日增重（肥育期）666

克，料重比 3.51：1。90 千克屠宰，背膘厚 2.9 厘米，胴体瘦肉率 58%。

（3）**繁殖性能**　该猪继承了民猪亲本在繁殖性能上的优点，性成熟较早，初情期约在 4 月龄。发情征候明显，受胎率高，极少发生繁殖疾病。初产母猪平均产仔 10.2 头，经产母猪平均产仔 12 头以上。

（4）**杂交利用**　三江猪与哈白猪和大约克夏猪的正、反杂交，在日增重方面均呈现杂种优势。以杜洛克猪为父本与三江白猪杂交，所得杂种猪日增重为 629 克，料重比 3.28：1，胴体瘦肉率为 62.06%。为生产商品肉猪展示了良好的前景。

2. 湖北白猪　原产于湖北武汉，是由华中农业大学和湖北省农业科学院畜牧兽医研究所采用地方良种通城猪和荣昌猪，与外来良种长白猪和大白猪进行二元杂交组建基础群，并开展多世代闭锁繁育而成的我国第二个瘦肉型品种（图 1 - 13 和图 1 - 14）。现在湖北省大部分均有分布，并已推广至广东、广西、湖南、安徽等地。具有瘦肉率高，肉质好，生长发育较快，繁殖性能优良，能耐受夏季高温和冬季湿冷气候条件等优良特性，是开展杂交利用的优良母本。

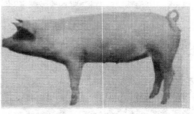

图 1 - 13　湖北白公猪　　　　　图 1 - 14　湖北白母猪

（1）**体型外貌**　全身背毛白色（允许眼角或尾根有少许暗斑），头稍轻、直长，两耳前倾或稍下垂，背腰平直，中躯较长，腹小，腿臀丰满，肢蹄结实，有效乳头 12 个以上。体重成年公猪 250～300 千克，成年母猪 200～250 千克。

（2）生长肥育性能 6 月龄体重后备公猪约 90 千克，后备母猪 82～85 千克。在每千克日粮消化能 12.56～12.98 兆焦、粗蛋白质 14%～16% 的营养水平下，体重 20～90 千克阶段，日增重 600～650 克，料重比 3.5：1 以下。体重 90 千克屠宰，眼肌面积 30～34 厘米^2，腿臀比例 30.5%～33%，胴体瘦肉率 58% 以上。

（3）繁殖性能 小公猪 3 月龄、体重 40 千克时出现性行为。母猪初情期为 121～130 日龄，发情持续期 5～6 天，适宜初配期 7～8 月龄，体重 100 千克以上。初产母猪平均产仔数为 9.1～10.5 头，经产母猪 12～13 头。

（4）杂交利用 以湖北白猪为母本与杜洛克猪或汉普夏猪杂交均具有较好的配合力，特别是与杜洛克猪杂交效果明显，肥育猪 20～90 千克阶段，日增重 650～750 克，杂种优势 10% 左右，料重比 3.1～3.3：1，胴体瘦肉率 62% 以上。

3. 浙江中白猪 培育于浙江省，主要是由长白猪、约克夏猪和金华猪杂交培育而成的瘦肉型品种。具有体质健壮，繁殖力较高，杂交利用效果显著和对高温、高湿气候条件有较好的适应能力等优良特性，是生产商品瘦肉猪的良好母本。

（1）体型外貌 体型中等，头颈较轻，面部平直或稍凹，耳中等大，呈前倾或稍下垂。背腰较长，腹线较平直，腿臀肌肉丰满。全身被毛白色。

图 1-15 浙江中白公猪　　　图 1-16 浙江中白母猪

（2）生长肥育性能　190 日龄左右体重达 90 千克，生长肥育期平均日增重 520～600 克，每千克增重耗消化能 47.31 兆焦左右。90 千克体重时屠宰，屠宰率 73%，胴体瘦肉率 57%。

（3）繁殖性能　青年母猪初情期 5.5～6 月龄，8 月龄可配种。平均产仔数初产母猪 9 头，经产母猪 12 头。

（4）杂交利用　用杜洛克猪作父本、浙江中白猪作母本，进行二品种杂交，其一代杂种猪 175 日龄体重达 90 千克，体重20～90 千克阶段，平均日增重 700 克，每千克增重消耗配合饲料 3.3 千克以下。体重 90 千克时屠宰，胴体瘦肉率 61.5%。

4. 苏太猪　以小梅山、中梅山、二花脸和枫泾猪为母本，以杜洛克为父本，由江苏省苏州市太湖猪育种中心通过杂交育成（图 1-17 和图 1-18）。具有产仔多、生长速度快、瘦肉率高、耐粗饲、肉质鲜美等优良特点，可作为生产三元瘦肉型猪的母本。可在我国大部分地区饲养，适宜规模猪场、专业户、农户饲养。

 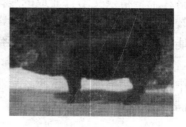

图 1-17　苏太猪公猪　　　　　　　图 1-18　苏太猪母猪

（1）外貌特征　全身被毛黑色，耳中等大、垂向前下方，头面有清晰皱纹，嘴中等长而直，四肢结实，背腰平直，腹小，后躯丰满，具有明显的瘦肉型猪特征。

（2）生产性能　苏太猪母猪 9 月龄体重 116.31 千克，公猪10 月龄体重 126.56 千克；育肥猪体重 25～90 千克阶段，日增重 623.12 克，料重比 3.18：1，达 90 千克体重日龄为 178.90。

体重达 90 千克屠宰率 72.88%，平均背膘厚 2.33 厘米，眼肌面积 29.03 厘米^2，胴体瘦肉率 55.98%。

（3）繁殖性能　苏太猪母猪平均乳头 7 对以上，适配年龄为 6～7 月龄，公猪为 7～8 月龄；初产母猪平均产仔 11.68 头，35 日龄断奶育成仔猪 10.06 头，60 日龄仔猪窝重 184.31 千克，经产母猪平均产仔 14.45 头，35 日龄断奶育成仔猪 11.80 头，60 日龄仔猪窝重 216.25 千克。与长白公猪杂交，其后代 164 日龄体重可达 90 千克，胴体瘦肉率可达到 60% 以上。

三、我国培育的瘦肉型猪品系及其利用

1. 光明猪配套系　由父系、母系两个专门化品系组成。父系以杜洛克猪为素材，母系以施格母系猪为素材，分别组建基础群，经过 5 个世代选育而成。由深圳光明畜牧合营有限公司培育。

光明猪配套系采用二元配套，易操作，杂种优势明显，商品猪一致性好。具有生长速度快、饲料利用率高、瘦肉率高、适应性强、耐高湿高温的特点。母系猪不仅后躯丰满，而且繁殖性能好。

父系种猪全身被毛棕红色，无任何白斑或白毛。耳中等大，略向前倾，耳尖略有下垂；背呈弓形，腹线平直，腿臀肌肉丰满，四肢粗壮结实，蹄壳黑色，步行健实有力。性情温顺，有效乳头 6 对以上，排列整齐。达 90 千克体重日龄为 159.94 天，活体膘厚 1.54 厘米，料重比 2.70：1，初产母猪窝活仔数 6 头以上，21 日龄窝重 30 千克以上，经产母猪窝产活仔数 7 头以上，21 日龄窝重 35 千克以上。达到 90 千克体重日龄：公猪为 175 以下，母猪为 180 以下；90 千克体重时活体背膘：公猪为 2.1 厘米以下，母猪为 2.2 厘米以下。

母系种猪被毛白色，耳大向前，头肩较轻，身躯长，后腿及

臀部肌肉丰满，背宽，四肢结实，系部强健有力，嘴筒较短，适应性强，性情温顺，有效乳头数 6 对以上，排列整齐。初产母猪产仔数 10.22 头，21 日龄窝重 30 千克以上；经产母猪产仔数 10.97 头，21 日龄窝重 34 千克以上。经产断奶仔数 8.86 头。达到 90 千克体重日龄：公猪为 180 以下，母猪为 185 以下；90 千克体重时活体背膘：公猪为 2.2 厘米以下，母猪为 2.4 厘米以下。

商品猪被毛大部分为白色，约 5% 会出现暗花斑，耳中等大，头轻，腮肉不明显，收腹，背腰平直，肌肉结实紧凑，臀部肌肉丰满，四肢健壮。达到 90 千克体重日龄为 180 以下；体重 30~90 千克阶段，平均日增重 880 克，料重比 2.547：1，90 千克体重时活体背膘厚 2.4 厘米以下。

光明猪配套系可在我国大部分地区饲养，适宜集约化养猪场、规模猪场饲养。全期的饲养过程要有较好的管理，抓好各阶段防疫注射工作，确保饲养管理技术的落实，从而使猪群健康生长，获得较高的经济效益。

2. 深农猪配套系 由父系、母Ⅰ系、母Ⅱ系 3 个专门化品系组成。父系以杜洛克猪为素材，母Ⅰ系以长白猪为素材，母Ⅱ系以大白猪为素材，于 1990 年组建基础群，由深圳市农牧实业公司经过 4 个世代选育而成。具有生长速度快，饲料报酬高的特点。

深农猪配套系父系达 90 千克体重日龄为 149.41，背膘厚 1.41 厘米，料重比 2.38：1；母Ⅰ系达 90 千克体重日龄为 161.97，背膘厚 1.50 厘米，产仔数 10.25 头，21 日龄断奶窝仔数为 9.24 头；母Ⅱ系达 90 千克体重日龄为 153.3，背膘厚 1.59 厘米，产仔数 10.50 头，21 日龄断奶窝仔数为 9.57 头。

深农猪配套系可在我国大部分地区饲养，较适宜规模猪场。种猪适宜的环境温度为 15~20℃。应注意防暑防寒，冬天进出猪舍要关门，炎热季节应注意通风和淋浴降温等；建立科学的、严格的消毒防疫制度。

3. 华特猪配套系　包括 A、B、C 3 个专门化新品系，以甘肃白猪及其地方品种"基因库"为原始素材，根据杜洛克、长白猪和大约克的生产性能和种质特性，结合 A、B、C 3 个专门化瘦肉型猪新品系的培育方向，利用现代育种手段，筛选出与杜洛克（D）有特殊配合力的 DA、DB 和 DABC 理想配套模式。由甘肃省农业大学等 5 个单位联合培育而成。

华特猪配套系确定杜洛克为父系的父系，A 系为父系的母系，B 系为母系的父系，C 系为母系的母系。DA 为杂交父系、BC 为杂交母系。DABC 杂优猪为最终产品，其日增重 747 克、料重比 3.38：1，瘦肉率 60.50％，肉质良好。

（1）A 品系　全身被毛白色，体躯结构紧凑、体质结实。面部平直、嘴粗壮。耳中等大小、直立，颈肩发育充实，体躯长，背平直，腹紧凑，臀部丰满。四肢结实有力。有效乳头 6 对以上。体重成年公猪 180.84 千克、成年母猪 170.88 千克。

（2）B 品系　全身被毛白色，具有瘦肉型猪典型体型特征。体躯结构紧凑。头中等大小，鼻嘴平直，耳中等大、半垂、向前倾。肩部、背腰、臀部丰满，呈双脊臀。背腰宽阔平直，胸部发达、躯干长、腹紧凑。四肢粗壮结实。乳头间隔匀称，有效乳头 6 对以上。体重成年公猪 212.93 千克、成年母猪 182.08 千克。

（3）C 品系　全身被毛白色，体型中等大小，体躯结构紧凑。头中等大、鼻嘴稍短粗，面微凹，耳中等大、半下垂。背平直、腹稍下垂，肩部有鬃毛。腿臀部欠丰满，肢蹄粗壮，有力乳头间隔匀称，有效乳头 6.5 对以上。体重成年公猪 202.61 千克、成年母猪 149.1 千克。

A 系猪体质结实，生长快；B 系猪具有典型的瘦肉型猪的优良特点；C 系猪适应性强，产仔数多。

华特猪配套系可在全国各地区饲养，适宜于规模化猪场。使用华特猪配套系生产杂优猪应严格按照配套模式进行。若引入

A、B、C 专门化品系纯繁使用，应按照品系繁育的一般原则，有一定的种群数量。祖代不能纯繁，父母代不能留种。

4. 新荣昌猪Ⅰ系　是在荣昌猪纯繁选育 3 个世代的基础上，导入 25％的丹系长白猪血液，经过 10 年闭锁选育 5 个世代而育成的瘦肉型专门化母本品系。由重庆市养猪科学院、四川农业大学等单位联合培育而成。具有毛色独特、繁殖性能好、生长发育快、饲料报酬高、胴体品质优良、瘦肉率高、配合力好等特点。

（1）体型外貌　全身被毛白色，一般头部有黑斑。典型毛色特征为全身白毛，两眼呈眼镜状的黑色眼圈；头大小适中，嘴筒直、中等长，耳中等大、稍下垂；体躯较长，背腰平直，腿臀丰满，四肢粗壮，体质结实；有效乳头 6 对以上。

（2）生产性能　体重成年公猪 230 千克、成年母猪 175.5 千克。6 月龄体重后备公猪可达 70.8 千克、后备母猪可达 63.5 千克。生长育肥猪体重 20～90 千克阶段，日增重 635 克，料重比 3.25：1，达 100 千克体重日龄为 180。体重达 90 千克屠宰，屠宰率 72.9％，腿臀比例 32.39％，背膘厚 2.06 厘米，眼肌面积 22.75 厘米^2，胴体瘦肉率 56.43％，肉质良好。

与外种猪杂交生产的商品猪 25～90 千克阶段日增重 740 克，料重比 2.99：1，瘦肉率 63.5％，159 日龄体重达 100 千克。

新荣昌猪Ⅰ系初产母猪产仔数 10.91 头，活产仔数 9.60 头，初生窝重 8.62 千克，21 日龄育成数 8.74 头，窝重 28.86 千克，育成率 91％；经产母猪产仔数 12.74 头，活产仔数 11.13 头，初生窝重 11.16 千克，21 日龄育成数 9.63 头，窝重 40.17 千克，育成率 86.49％。

新荣昌猪Ⅰ系可在我国大部分地区饲养，较适宜专业户和农户饲养。配种前注射细小病毒病、日本乙型脑炎、伪狂犬病疫苗；一个发情期内配种 2～3 次，每次间隔 8～12 小时。

5. 四川白猪Ⅰ系　是采用长白猪、梅山猪等为育种素材杂交合成，经过 6 个世代选育而成的母本新品系。被毛全白，偶有隐斑；头较轻，嘴筒平直，耳中等大，前倾；体躯较长，腹部不下垂，后躯较丰满，四肢坚实，体质结实，有效乳头7对以上。

6月龄体重公猪80千克以上、母猪75千克以上。生长育肥猪体重20～90千克阶段日增重600千克以上，料重比3.4∶1，达90千克体重日龄为180，此时屠宰，屠宰率70％以上，胴体膘厚2.6厘米以下，眼肌面积27厘米^2，腿臀比例30％以上，瘦肉率55.8％。与杜洛克公猪配套，其杂优猪达90千克体重时间为156.4日龄，胴体瘦肉率58.7％，料重比3.17∶1，具有良好的杂种优势。

初产母猪产仔数10头以上，初生窝重9.5千克以上，35日龄窝重50千克以上，育成数8头以上，育成率88％以上；经产母猪产仔数13头以上，初生窝重11.5千克以上，35日龄窝重65千克以上，育成数10头以上，育成率90％以上。可在我国大部分地区饲养，较适宜规模猪场、专业户。

6. PIC 配套系猪　是英国PIC种猪改良公司选育的5个专门化品系种猪。

（1）PIC 配套系猪配套模式与繁育体系　见图1-19。

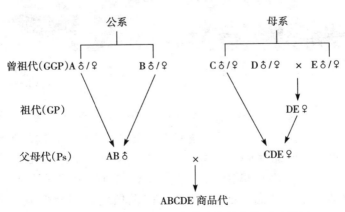

图1-19　PIC 配套系猪配套模式与繁育体系示意图

（2）曾祖代原种各品系猪的特点 PIC曾祖代的品系都是合成系，具备父系和母系所需要的不同特性。

A系瘦肉率高、不含应激基因、生长速度较快、饲料转化率高，是父系父本。B系背膘薄，瘦肉率高，生长快，无应激综合征，繁殖性能同样优良，是父系母本。C系生长速度快，饲料转化率高，无应激综合征，是母系中的祖代父本。D系瘦肉率较高，繁殖性能优异，无应激综合征，是母系父本或母本。E系瘦肉率较高，繁殖性能特别优异，无应激综合征，是母系母本或父本。

（3）祖代种猪 提供给扩繁场使用，包括祖代母猪和公猪。

祖代公猪为C系（图1-20），产品代码L19。祖代母猪为DE系（图1-21），产品代码L1050，由D系和E系杂交而得，毛色全白。初产母猪平均产仔10.5头以上，经产母猪平均产仔11.5头以上。

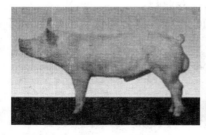 

图1-20 PIC配套系祖代 　　图1-21 PIC配套系祖代
　　　　C系 公猪 　　　　　　　　DE系 母猪

（4）父母代种猪 来自扩繁场，用于生产商品肉猪，包括父母代母猪和公猪。父母代母猪CDE（图1-23）系，商品名称康贝尔母猪，产品代码C22系，被毛白色，平均产仔数初产母猪10.5头以上、经产母猪11.0头以上。父母代公猪AB系，PIC的终端父本，产品代码为L402，被毛白色，四肢健壮，肌肉发达。

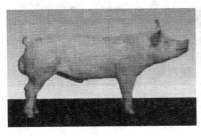

图1-22　PIC配套系祖代
　　　　C系　公猪

图1-23　PIC配套系父母代
　　　　CDE系　母猪

（5）**终端商品猪**　ABCDE是PIC五元杂交的终端商品肉猪，155日龄达100千克体重；育肥期料重比2.6～2.65∶1，100千克体重背膘厚小于16毫米；胴体瘦肉率66%；屠宰率73%；肉质优良。

7. 迪卡配套系猪　由美国育成的专门化配套系猪，北京市于1990年引进。由A、B、C、E和F 5个专门化品系组成，生产中由E（长白）和F（大约克）两系生产D系，A（汉普夏）和B（杜洛克）两系生产AB系，C（大约克）和D两系生产CD系，再由AB公猪和CD母猪生产商品代肉猪。该商品肉猪50～74千克之间育肥，平均日增重800克，料重比3.0∶1，胴体瘦肉率60%。

四、我国地方良种瘦肉型猪

1. 太湖猪　太湖猪属于古老的地方猪种（图1-24），华北、华中过渡型猪种。分布较广，类型较多，包括上海嘉定的梅山猪，松江、金山的枫泾猪，嘉兴黑猪、江苏武进的焦溪猪，靖江的礼士桥猪等。

体型较大，全身被毛稀疏，毛色全黑或青灰色，或六白不全。体质疏松，头大额宽，面部微凹，额部有明显的皱褶。如焦

溪猪按皱纹多少、深浅，可
分为大花脸和二花脸。耳大
皮厚，耳根软而下垂。背腰
宽而微凹，胸较深，腹大下
垂，臀宽而倾斜，大腿欠丰
满，后躯皮肤有皱褶，乳头
一般为 8～9 对。体重成年

图 1-24　太湖猪

公猪 140 千克、成年母猪 115 千克左右。繁殖能力强，每窝产活
仔数一般初产母猪 10 头以上、经产母猪 14 头以上，断奶育成
12 头以上，初生重 0.7 千克。6 月龄体重为 65～70 千克。适宜
屠宰体重为 75 千克左右，屠宰率为 67%。

　　遗传性能较稳定，与瘦肉型猪种结合杂交优势强，最宜作杂
交母本。如长枫杂交猪，日增重 550 克，胴体瘦肉率 53%；皮
梅杂交猪，胴体瘦肉率达 54%；杜长加三元杂交肉猪，胴体瘦
肉率可达 58%以上。

　　2. 金华猪　金华猪属于
我国著名的优良地方猪种之
一（图 1-25），以早熟易肥、
皮薄骨细、肉质优良、适于
腌制火腿著称。产于浙江东
阳、义乌、金华等地。体型
中等偏小，耳下垂，颈短
粗，背微凹，臀倾斜、蹄质

图 1-25　金华猪

坚实。全身被毛中间白，头颈、臀尾黑，又称"两头乌"。成年
母猪产仔数 14 头左右，产活仔数 12～13 头，60 日龄断乳窝重
达 100～130 千克。7～8 月龄、体重 70～75 千克时为屠宰适期，
日增重 300 克以上，料重比 3～4：1，屠宰率为 70%～72%，胴
体瘦肉率40%～45%。以金华猪为母本与外来品种猪杂交所得杂
种猪，瘦肉率明显提高。

3. 香猪　香猪属于超小型
的一个地方猪种（图 1 - 26），
至今已有数百年历史。早熟易
肥、肉质香嫩、乳猪宰食时无
腥味。中心产区在贵州省江县、
三都县及广西环江县的部分
地区。

图 1 - 26　香　猪

体躯矮小，头面平直，额
部皱纹浅少，纵行呈倒八字形，
无旋毛，耳较小、略平伸或稍
下垂，嘴圆耳尖，吻端呈粉红色或黑色，背腰宽微凹，腹大丰圆
触地，后躯较丰满，四肢短细，后肢多卧系，皮薄骨细，毛色全
黑，也有少量尾端、四蹄、额心为白色。乳头数一般为 5～6 对。
成年公猪体重 40 千克左右，成年母猪体重：种猪场 65 千克左
右、农户约 40 千克。平均产仔数初产母猪 6.1 头、经产母猪
8.1 头。

第二章
瘦肉型猪安全生产的良种繁育与改良

制约瘦肉型猪安全生产的关键问题还在于育种中存在的诸多问题，如瘦肉型猪的良种繁育等基础设施总体薄弱、育种方向与市场需求脱节、猪良种不能满足畜牧业快速发展的需要等。针对这个我们需要采取的措施就是养猪场应以市场为导向，适时调整引种计划，建立与市场相结合的良种繁育体系。统一制订育种计划，统一提供优良种猪，建立统一的良种繁育体系。同时，随着消费者对猪肉品质的要求不断提高，在引种方面应从品种方面考虑如何解决猪肉肉色及渗水发白猪肉问题，以及在口味及营养品质方面应更多考虑引种培育猪屠宰后肉的色泽、pH，肌间脂肪含量、嫩度、风味等，迎合消费者的日益提高的要求。

第一节　猪的育种

在现代养猪生产中，遗传改良养猪增产的贡献率占 40％左右，营养饲料占 20％左右，其他（饲养管理、环境调控、疾病控制等）占 40％左右。因此，猪的育种工作是养猪生产的基础，是各种工作的重中之重，世界各国都非常重视。

猪种的选育大体上经历了以外貌鉴定为基础的传统选育方法和以体质学说为基础的近代选育方法，以及以数量遗传学为主、各遗传学科综合应用的现代选育方法几个阶段。随着育种方法不断改进，猪的遗传进展不断加快，使得世界几十年来在养猪总量变化不大的情况下，猪肉产量却稳定增长。但是，随着社会的发展和人类生活水平的提高，人们对猪肉的需求也逐步开始发生变化，由过去满足数量消费转向对肉质品质要求的提高。同时，由于长期追求胴体产肉量，而忽视猪体自身的生理发育规律，导致肉的品质下降、猪体健康状况下降，进一步影响到人类的健康。

现在的育种在考虑瘦肉率提高的同时，开始关注产品质量及体质健康，尤其注重通过提高繁殖力来改进养猪的整体效益。场间遗传联系的建立为动物模型 BLUP 方法的应用提供了基础；性能测定的形式也从单一的测定站测定与场内测定开始变为通过网络联系的网上测定，提高了测定的准确性和测定效率；标记辅助选择开始有限地应用，可以进行早期选种、缩短间隔、提高选择强度，从而提高选种的效率和选种的准确性。

通过育种，猪的某些性状得到明显改进。猪的胴体性状基本上能够随着市场的需求而同步发展，猪的育种工作甚至可以根据对市场需求的动态预测结果而超前开展。从育种的技术角度考虑，猪的育种工作主要包括品种（品系）培育、品种改良及品种（品系）的经济利用。

第二节　纯种繁育

一、纯种繁育和效应

纯种繁育应指同一品种内的公猪与母猪进行交配的繁育方法。目的在于保持和发展某一品种或品系的优良特性，克服个别缺点，不断提高生产性能，保持品种或品系的纯度，扩大品种内优秀个体的比例，并扩大种群数量。从数量遗传学角度来说，这种繁育方法可以提高纯种的高产合意基因和高产合意基因型的频率；能够防止高产合意基因的随机漂移；也为杂交繁育提供优秀的亲本，所以即使是在以杂交为主要生产手段的大、中型商品瘦肉型猪场中，如果技术力量和条件允许，也应搞一定规模的纯种繁育。

二、纯种繁育方法

纯种繁育的基本方法是在保证数量的前提下，在品种内部建立若干个品系及进行品系综合。

1. 个体选择 是根据种猪本身的一个或几个性状的表型值来选择。此选择方法简单，有一定实用价值，对于具有中等以上遗传力的胴体品质和生长速度等特性，进行个体表型选择有效。例如，对种公猪采用活体测膘仪或测膘尺进行背膘测定，不仅可以提早取得测定结果，而且可以提高良种公猪的利用效率。

2. 系谱选择 是根据父本或母本，或双亲以及有亲缘关系的祖先表型值进行选择。在个体发育早期阶段，对一些尚未有表现的性状或诸如产仔数、泌乳力、断奶仔猪数和断奶窝重等母体所具有的、公猪本身不表现的繁殖性状，采用系谱选择有效。因此，这种系谱选择方法必须以祖先的性能资料（大多数利用母亲的资料）来选择，在实践中不太广泛应用。

3. 同胞选择 通过全同胞兄妹（同父同母）的生产性能表现评价一个个体的种用价值，或通过半同胞兄妹（同父异母或同母异父）的生产性能表现对一个个体的遗传品质作出判断。同窝3头（1公、1母或1阉公）供测猪的平均成绩，可作为全同胞鉴定的依据。同一公猪（或母猪）的9头后裔（3个母猪的后裔，3公、3母和3阉公）的平均成绩，可作为该公（母）猪半同胞鉴定的依据。由于同胞资料较早获得，可以进行早期选择；对不能或不易以活体度量的性状，同胞选择更有其重要意义。

4. 后裔检测 指在同等条件下，对公猪和亲本的仔猪进行比较测验，也适用于母猪的鉴定。是按后裔的平均成绩来评定亲本的方法。测验时，应从被测公猪和3头以上与配母猪所生的后裔中每窝选出 3 头（1公、1母和1阉公猪），根据这些后裔的生产性能成绩来鉴定母猪。由于用此法测验准确性高，故被广泛应用。

5. 合并选择　指根据个体本身的资料结合同胞资料进行的选择，即在对公猪进行本身测定的同时，再对其他同父同母的两头同胞进行测验。用此法可尽早对公猪的种用价值作出评价。

在建立品系的过程中，可以根据群体的基础情况和性状遗传特点，采用近交或非近交。为保证纯种繁育的质量，必须严格地、准确地选择与淘汰种猪。为了保证纯种繁育的成功，还必须以相应的饲养管理条件为依托。

第三节　杂交繁育

一、杂交繁育和效应

杂交繁育指不同群体（通常是不同品种）间的公猪与母猪间进行交配的繁育方法。

杂交繁育可以创造新的高产合意基因型组合，可以使杂种后代性状的表型值在一定程度上超过双亲均值，即表现杂交优势；还可以使杂种后代的生长发育、体质外貌等方面性状整齐一致，便于组织"全进全出"，适用于规模化、工厂化商品猪场使用。以上这几方面效应必须给予充分认识和利用，这也正是现代商品瘦肉型猪生产中无一不是采用杂交方式的基本道理。

二、杂交繁育方法

杂交繁育方法仅指生产性杂交。

不同品种杂交所得到的杂种猪，比其纯种亲本具有较强的生活力，表现为繁殖力高，生长快，饲料利用率高，抗病力强，容易饲养。我们把杂种猪的这种优势表现称为杂种优势。搞好猪的经济杂交，关键在于杂交亲本和杂交方式的选择。

1. 优良杂交亲本的选择（公猪和母猪） 即猪杂交时父本和母本，也就是公猪和母猪的选择。选择高产瘦肉型良种公猪作为父本是经济杂交取得显著饲养效果的一个重要条件。如国外引进的长白猪、大约克夏猪、杜洛克猪、汉普夏猪、迪卡配套系猪等高产瘦肉型种公猪，都具备生长快、耗料低、体形大、瘦肉率高等共同特点，是目前最受欢迎的父本。凡通过杂交选留的公猪，遗传性能很不稳定，要坚决淘汰，绝对不能留作种用。母本应选择地方品种母猪，如太湖猪、哈白猪、内江猪、北京黑猪、里岔黑猪、烟台黑猪或者其他杂交母猪，它们适应性强、母性好、繁殖率高、耐粗饲、抗病力强。亲本间的遗传差异是产生杂种优势的根本原因。不同经济类型（兼用型×瘦肉型）的猪杂交比同一经济类型的猪杂交效果好。选择和确定杂交组合时，应重视对亲本的选择。

2. 经济杂交方式

（1）**两品种经济杂交** 又称二元杂交，其杂交后代称为二元杂交猪或二元杂交一代猪。主要是利用二个不同品种的公母猪进行杂交，专门利用其杂种一代的杂交优势，后代全部育肥出售。母本的挑选应侧重于多产性和母性，需要选用我国的地方品种或新育成的品种（品系）；而对父本则应要求有很好的生长速度和胴体品质，多产性不必太多考虑。生产中可以应用长白和大约克杂交，杜洛克和长白杂交等。

图 2-1 二元杂交

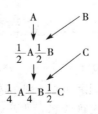

图 2-2 三元杂交

优点：仅有两个品种参加，杂交方式简单，容易组织生产，选择杂交组合时只有一次配合力测定。能获得杂种一代的最高杂种优势，具有杂种优势的后代比例能达到 100％。

缺点：因杂种一代全部作为商品猪，所以繁殖性能的杂种优势不能得到充分发挥。

（2）三元杂交　首先是两个纯种亲本杂交生产一代杂种，杂种公猪全部肥育，杂种母猪长大后与第三个品种猪的公猪交配，所生的三元杂种全部肥育出售。纯种母本 B 应按二元杂交时母本的要求来挑选。为使 F1 代猪具有较好的产仔性能，第一父本（A）应选用与母本 B 在育肥性状、胴体性状上能互补的且多产性较好的外来品种。第二父本即终端父本（C）的挑选，应按二元杂交时的父本要求，选用与商品猪生产方向和产品质量要求一致的外来品种或品系作父本。这种杂交模式目前在全世界都是应用最多的模式，常用的是杜长大三元杂交，可以用长白和大约克正交或反交，其后代留作母猪，用杜洛克作为终端父本杂交生产商品猪。

三元杂交能充分利用母本的杂种优势，商品猪不仅利用母本，还可利用第一和第二父本在生长速度、饲料报酬和胴体品质方面的特性，其杂种优势比两品种杂交高 3％左右。

优点：能获得最高的母本和后代的杂交优势，尤其是繁殖性能，通过杂交母本的再利用，杂种优势更高。能充分利用第一和第二父本的生长速度，饲料报酬和胴体品质的优越性比二元杂交效果更好。

缺点：杂交繁育体系较为复杂，不仅要保持三个亲本品种，还要保留大量的一代杂种母猪群，并进行两次配合力测定。

（3）四元杂交（双杂交）　双杂交属于四个品种杂交的特殊形式，四个品种首先进行"两两杂交"，然后再利用两个杂交后代进行杂交。A 系和 B 系的挑选重点应是相同的，且与三元杂交时对第二父本的要求相似，即侧重于产肉性能，当然，从互补观点看，A 与 B 还应有所差异。C 系的挑选同三元杂交时的第一父本，D 系同三元杂交时的母本。目前，国内有不少猪场采用这种杂交模式并取得了良好的效果，具体应用是利用长白和大约克的杂交后代作母猪，用皮特兰和杜洛克的杂交后代作公猪，再进行杂交生产四元商品猪。

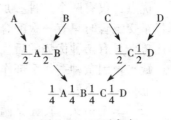

图 2-3　四元杂交

（4）轮回杂交　轮回杂交是用两个以上品种按固定的顺序依次杂交，纯种依次与上代产生的杂种母畜杂交。杂交用的母本群除第一次杂交使用纯种之外，以后各代均用杂交所产生的杂种母畜，各代所产生的杂种除了部分母畜用于继续杂交之外，其他母畜连同所有公畜一律用作商品猪。图 2-4 和图 2-5 是常用的二元轮回和三元轮回杂交的示意图。

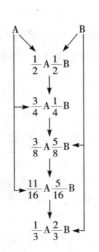

图 2-4　二元轮回杂交

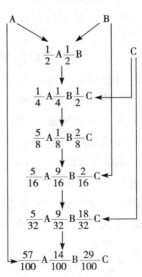

图 2-5　三元轮回杂交

（5）专门化品系杂交　这种杂交方式不只局限于品种间，而是以某性状有突出表现的专门化品系（或父系或母系）为亲本的杂交，这种杂交方法生产出来的商品瘦肉型猪称杂优猪。杂优猪最大优点在于它表现了突出优良性状的组合，只要父、母系选择恰当（一般应经配合力，尤其是特殊配合力的测定），杂交效果就会非常显著。生产杂优猪是当今世界养猪生产发展的方向。但这种杂交，既需要有专门化品系，又需要有配套父母系，才能进行有秩序的杂交，通常要由曾祖代、祖代、父母代及商品代4级繁育体系生产。生产杂优猪是高水平的瘦肉型猪生产模式，要求较高的育种技术和饲养技术。

第四节　瘦肉型猪重要的数量性状

一、数量性状

数量性状指可以直接度量的性状，瘦肉型猪重要的数量性状有以下几种。

1. 体长　指从两耳根连线的中点到尾根处的距离，用厘米表示。体长的猪生长速度快，胴体瘦肉率高，背膘厚度小，饲料转化效率高。长白猪、施格猪、杜洛克猪等都具有体长的特点，其遗传力属中等偏高，即其稳定遗传的能力较强。选择这个性状时，不可忽视后躯发育，既要体长，又要丰臀，才会生产更多的瘦肉。

2. 体重　即各阶段的活重，通常以千克表示。应空腹时进行称重。

3. 日增重　指阶段内每日平均增加的体重量，通常以克表示。日增重越快，胴体瘦肉率越高，饲料转化效率也高，一般商品瘦肉型猪要求在其6月龄时达90～100千克体重，则在10～100千克阶段平均日增重应在600克左右，前期应在500克左右，后期应在700克左右。

4. 产仔数 这里指窝产健活仔猪数，即产仔总数减去死胎、木乃伊胎、弱胎等之后的活仔数，可以表明母猪的有效繁殖效率。一般来说，我国本地猪种都有高产仔特性，生产实践中，在一般较好的饲养条件下，产仔数达 10 头左右即可。如果产仔数过多，初生体重就要下降，个体间差异也会加大，许多仔猪争奶吃，也会造成母猪不安，这些都会影响哺乳期仔猪的成活率。产仔数这个性状的遗传力很低，受条件，如母猪体况、年龄、配种技术、公猪状况、妊娠季节、饲养与管理等非遗传因素的影响较大。

5. 20 日龄窝重 指仔猪生后 20 天时全窝的活重，通常用千克来表示。它可以考查母猪的泌乳能力，仔猪这一阶段的增重基本是母猪哺乳的结果，与此同时，还要计算出平均个体重与标准差，以 $\bar{X} \pm S_x$ 形式来表示。20 日龄窝重大，$\bar{X}$ 值大而 S_x 小的猪，母猪的泌乳能力和哺乳能力都强，仔猪的断奶体重大，反之，会连续出现不良反应，影响育肥期增重速度，延长存栏期，影响育肥期成活率，使育肥期经济效益偏低。该性状的遗传力也不高，特别易受年龄、哺乳季节、饲养与管理等非遗传因素的影响而发生变异。

二、不同数量性状的改良方法

对遗传力较高的数量性状，如体长、日增重、背膘厚度等进行改良时，应采用选择高表型值的个体作为种用的方法，把这类性状表现突出的个体留种用，往往能取得很好的群体改良效果。

对遗传力偏低的数量性状，如与繁殖性能有关的性状进行改良时，通常是在品系繁育的基础上采用杂交的方法，以取得杂交优势。如果能够发现某一个家系的所有母猪繁殖性能都很好，若能排出非遗传因素的影响，那么就应把这个家系内的个体尽可能地都留作种用，以最大限度地扩散高产合意基因，从而形成具高繁殖性能的后代群体。

改良数量性状时，应突出重点，反之，会减慢改良效果。如同时选择 4 个性状，则每个性状通过选择所取得的进展，只相当于单独选择该性状的 1/2；同时选两个性状，则为 0.71。因此，在改良数量性状时，一定要突出重点。还应注意数量性状间的遗传相关，利用相关关系来减少选择的性状的数目，这样才能更好地突出重点。

第五节　种猪的选择

一、种猪购进注意事项

种猪购进是保证安全生产的关键措施之一。

（1）来源猪只所在猪场应具备有效的动物防疫合格证。

（2）猪场最好采取自繁自养的方法，这是杜绝疫病感染的最好办法。

（3）种猪场引进种猪，应从具备种畜禽生产经营许可证和动物防疫合格证的猪场购买。

（4）从国内购买的种猪，调运前必须依照动物检疫管理办法和种畜禽调运检疫技术规范进行检疫，检疫合格者方可调运。种猪进场后，应在隔离区观察 30 天以上，经兽医检疫确定为健康合格，并进行免疫接种和驱虫后方可作繁殖使用。

（5）从国外购买种猪应按国家出入境检验检疫规定办理。

（6）单纯饲养肉猪的猪场，购买小猪和中猪时，应依照动物检疫管理办法和畜禽产地检疫规范进行检疫。

二、公猪的选择

种公猪的质量直接影响着整个猪群的生产素质，1 头公猪可配 20～30 头母猪，而人工授精，1 头公猪可以承担 50 头母猪的配种任务，一年可以生产上万头仔猪。公猪可以显著地影响后代，包括对猪的生长速度、饲料报酬、体质外形、瘦肉率等有益性状的影响。重视公猪的选择，才能充分发挥优良种公猪的遗传潜力。

1. 血检报告、系谱报告 首先要看它的血检报告并了解其系谱，根据亲代、同胞、后裔的生产成绩来衡量被选择公猪的性能。具有优良性能的个体，在后代中能够表现出良好的遗传素质。系谱选择必须具备完整的记录档案，根据记录分析各性状逐代传递的趋向，选择成绩优秀、遗传性能稳定、综合评价指数最优的个体留作公猪。而任何携带有遗传疾病的公猪均不能留作种用。

2. 根据种公猪的体貌特征进行挑选

（1）品种特征 不同的品种，具有不同的品种特征，种公猪的选择首先必须具备典型的品种特征，如毛色、头型、耳型、体形外貌等，必须符合本品种的种用要求，尤其是纯种公猪的选择。

（2）体躯结构 是判断其能否成为种公猪的一个重要依据。身体健壮，体质紧凑，胸部宽深丰满，背腰平直有力，腹部紧凑，不松弛下垂，后躯充实，肌肉丰满，膘情良好，四肢粗壮强健，姿势端正，行走时步伐大而有力，蹄趾粗壮、对称，无跛蹄。不能自由活动，具有直腿或弓形背的不能作种公猪用。公猪随年龄的增加前躯变得重厚，后躯特别丰满，2岁以内的公猪以肩部和后躯宽度相同者为佳。总之，种公猪应当是体形方正舒展、强健有力。

（3）性特征 睾丸发育良好，两睾丸大小一致、均匀对称，阴茎包皮正常。单睾、隐睾、疝气和包皮肥大的公猪不适合作种用。乳头数要在7对以上，呈均匀分布，不能有瞎乳头、翻转乳头。

3. 种公猪应具有正常的性行为 包括性成熟行为、求偶行为、交配行为，而且性欲要旺盛。

4. 生产性能 包括种公猪的生长速度、饲料转化率和背膘厚度等，都具有中等到高等的遗传力。应该在这方面确定公猪的性能，选择具有最高性能指数的公猪作为种公猪。

5. 精液品质评定　对于作为种用的应保证精液品质活力在0.7以上、密度在1.0以上，精子畸形率不超过17％才可以应用于生产。

选育公猪时一般在3头成年公猪中，选留1头后备公猪，要求8月龄、体重120千克以上。

三、后备母猪的选择

1. 选择重点

（1）身体健康和无遗传疾患　后备猪应是生长发育正常，精神活泼，健康无病，并来自无任何遗传疾患的家系。猪的遗传病有多种，常见的有疝气、隐睾、偏睾、乳头排列不整齐、瞎乳头等。遗传疾病影响生产性能的发挥，给生产管理带来不便，严重的造成死亡。

（2）体形外貌的选择　后备猪体形外貌应具有品种特征。例如，毛色、耳型、头型、背腰长短、体躯宽窄、四肢粗细高矮等均要符合品种要求。如长白猪毛色纯白，耳大且前倾，头小嘴长，体躯细长，后躯丰满，四肢细高，给人清秀的感觉。

（3）繁殖性能的选择　繁殖性能是种猪非常重要的性状，后备猪应来自繁殖力高的家系，并有良好的外生殖器官。

（4）生长和育肥性状选择　后备猪的生长育肥性状或者和其同窝猪的育肥性状都是挑选后备猪的依据，包括生长速度和饲料利用率等方面。

2. 选择标准特征检查

（1）体型　如图2-6所示，优秀的后备母猪要求拥有粗壮的四肢和宽厚的蹄部；长的躯干、平直的背腰和优美的肌肉曲线。乳头在

图2-6　完美的后备母猪体型特征

腹线两侧均匀整齐地排列；阴户大小适中，位置适当，生长速度在同窝中处于中上水平。具有稳定的繁殖潜力。

（2）肢、蹄、趾　生产中因肢、蹄、趾问题而导致母猪淘汰的比例较高，占母猪淘汰总数的 10%～15%，尤其第一胎的母猪因此而淘汰的比例更高。因此，外观呈八字腿、蹄裂、鸽趾和鹅步的猪不能留作后备母猪，而要选足垫着地面积

图 2-7　理想的蹄部和间距

大且有弹性的猪，这样的猪容易起卧，走路灵便。趾要大且均匀度高（图 2-7），两趾的大小相差 1.5 厘米或以上时不适合选留后备母猪，当两趾大小不一致或趾与趾间缝隙过小时随年龄的增长会加大蹄裂的风险和足垫的损伤，两趾要很好的往两边分开，以便更好地承担体重。

更不能有两性体、疝气等异常情况。后备母猪身体要结实，肢蹄健壮尤为重要，因为母猪配种时要支撑公猪体重。选择后备母猪要求有一定年龄的体重，例如 150 日龄体重达 100 千克。

（3）乳头　理想的后备母猪要求至少有 12 个、最好是 14 个发育完整，沿着腹底线具有分布均匀，间距匀称，功能完好的乳头（图 2-8）。没有瞎奶头、凹陷乳头、翻转奶头以及排列不整齐的畸形奶头，乳头所在位置没有过多的脂肪沉积，而且至少要有 2 对乳头分布在脐部以前且发育良好。

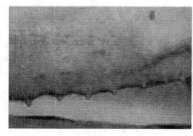

图 2-8　腹线乳头的排列

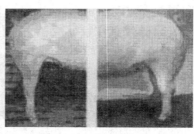

图 2-9　左侧腿部过直，右侧正常

（4）外生殖器官　阴户发育好且不上翘。小阴户、上翘阴户、受伤阴户或幼稚阴户不适合留作后备母猪。小阴户可能会给配种尤其是自然交配带来困难，或者在产房造成难产；上翘阴户可能会增加母猪感染子宫炎的概率；而受伤阴户即使伤口能愈合，但仍可能会在配种或分娩过程中造成伤疤撕裂，给生产带来困难，幼稚阴户多数是体内激素分泌不正常所致，这样的猪多数不能繁殖或繁殖性能很差。

3. 选择时期

（1）2月龄选择　选留大窝中的好个体。窝选是在父母亲都是优良的个体的相同条件下，从产猪头数多、哺育率高、断奶和育成窝重大的窝中选留发育良好的仔猪。

（2）4月龄选择　主要淘汰那些生长发育不良或者是有突出缺陷的个体。

（3）6月龄选择　此时各组织器官已经有了相当发育，优缺点更加突出明显，可根据多方面的性能进行严格选择，淘汰不良个体。

（4）配种前选择　最后一次挑选，淘汰性器官发育不理想、性欲低下、精液品质较低的后备公猪和发情周期不规律、发情症状不明显的后备母猪。

四、公、母猪的初配年龄及体况要求

1. 公、母猪的初配年龄　猪性成熟时（具备生育能力）就配种可能会导致母猪怀孕，但这样既影响小母猪的生长，又不利于胎儿的发育。早配的小母猪生殖机能不完善，发情期排卵数较少，导致初产仔猪数较少。同时小母猪也在生长发育，所采食饲料的营养不足以保证自身和胎儿的正常发育，导致仔猪的初生重较小、生活力弱，母猪的使用年限也较短。如果配种太迟，如达到体成熟时再配种，会推迟母猪发挥其生产性能的时间。瘦肉型猪的公猪初配年龄一般在 10～12 月龄，体重 110 千克以上。母猪的初配年龄在 8～10 月龄，体重 90～100 千克，配种时间大约在第一次表现发情后的 2 个月。

2. 体况要求 过肥的种猪生殖器官脂肪化以及性激素被脂肪吸收，导致公猪性欲不强、生殖能力降低，母猪发情表现不明显（严重时不表现发情）、排卵数少、产仔数少，并且由于乳中脂肪含量高、乳汁浓度高，会造成仔猪消化不良，腹泻增多。公、母猪 4 月龄以后就应该限制其食量，后备母猪饲料中可加入粗饲料，以稀释营养浓度。但公猪不宜在饲料中加入过多的草粉，以防形成草腹。配种前的种猪一般保持中等体况。为了在配种时使母猪有较好的膘情，可在配种前 15 天实行优饲。这样不仅可提高母猪膘情，还可提高母猪的产仔数。

第六节 选 配

选配是指选择什么样的公猪与母猪进行交配，通常考虑的有品质选配、年龄选配及亲缘选配。

一、品质选配

品质选配指考虑交配双方性状特点的选配方法。为了巩固某一优良性状，如体长、后躯发育良好等性状，在群体中扩散这些控制合意性的高产基因，可以采用具同样优良性状的公、母猪进行交配，这种选配方式称为同质选配，这种选配方法在育种上或者在生产上是经常采用的。此外，还有另一种品质选配，称为异质选配，即用性状表现各自优良，但各自又有不理想性状的公、母猪进行交配以期相互得到补充或克服。如用后躯发育良好、但背腰不够长的公猪与后躯发育不很理想（但也不是很差），其背腰发育很好、很长的母猪交配。这种选配方法在很大程度上会使其后代的这两方面性状都能良好发育。

异质选配具有创新作用，只要交配双方选择合理，往往会取得良好的选配效果，商品瘦肉型猪生产者应注意运用这种方式。

二、年龄选配

年龄选配指考虑交配双方的年龄的选配方法。一般应避开年龄过大的公猪与年轻的母猪交配以及年龄过大的公、母猪之间的交配，否则，其后代的生活力相对较弱，仔猪育成率不高，甚至可能发展成为"僵猪"。

三、亲缘选配

亲缘选配指考虑交配双方的亲缘关系的选配方法，分为亲缘交配和非亲缘交配。亲缘交配又称亲交或称近交，在商品猪生产场不要使用近交，因为近交后代的生活力低下，生产性能、体质差，容易出现遗传疾患，如畸形等致死或半致死性状，影响仔猪成活率。

为避免近交，即使是在商品猪生产场也应建立完善、准确的种猪档案，各种记录、资料，尤其是亲缘关系，应记录清楚，同时在引种时，也要考虑先、后引种的个体间的亲缘关系。

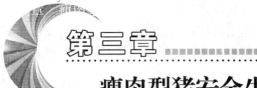

第三章

瘦肉型猪安全生产的营养与饲料配制

第一节　各种营养物质的作用

猪需要的营养物质可以分为六大类：水、蛋白质、脂类、碳水化合物、矿物质和维生素。

一、水分

猪体内养分的消化、吸收和输送，废物的排泄，体温的保持，都离不开水分。猪体内缺水 1%～2% 时，产生干渴；失水 5% 时，采食量和生产性能下降；缺水 8% 时，体重减轻，严重干渴，食欲丧失、对疾病抵抗力下降；缺少 10% 的水分时，会引起严重的病理变化，增加氮和电解质排泄以及代谢紊乱；缺水 20% 时，直接引起动物的死亡；而一头较长时期饥饿的猪，可以消耗体内全部脂肪和一部分蛋白质而不会死亡。但水摄入过度时，也会引起代谢紊乱，导致死亡。

养猪生产中，不能忽视供给猪充足的水分，若是喂生干料、生拌料，应同时喂给清洁的饮水。如果大量喂给青绿多汁饲料，可不另外补给水分。对泌乳母猪和哺乳仔猪，应该注意多供给饮水。一般说来，按饲料干物质计算，每喂给 1 千克干物质，应供给不少于 2 升水。猪对水分的需要量夏季多些，冬季少些。

二、蛋白质

蛋白质是猪生命活动中极为重要也是常易缺乏的营养物质。猪身上的肌肉、毛皮、血液、骨骼和神经等组织，以及酶、激素等，都是以蛋白质为主要原料组成的。体重 100 千克的瘦肉型猪，体蛋白约占 14.81%。

畜体器官组织的蛋白质在代谢过程中不断更新，即使休闲的家畜也需供给蛋白质，供给能量。当脂肪和碳水化合物供给的热能不足时，蛋白质在体内经分解、氧化释放出热能补充能量。另外，多余的蛋白质可在肝脏、肌肉等贮存。也可经脱氨作用将不含氮部分转化为脂肪，贮存起来，以备饲料中热能不足时供给热能，但这会造成巨大浪费，且降低了饲料的利用率。生产商应该注意避免上述两种现象的发生。

蛋白质由氨基酸组成。饲料中的蛋白质，进入消化道后需经多种酶如胃蛋白酶、胰蛋白酶、羧肽酶和氨基酸酶等的作用分解为氨基酸后经血液循环被吸收利用。现在已知的氨基酸有 22 种，其中一部分氨基酸不能在机体内合成，或者虽能合成，但合成速度缓慢，数量较少，不能满足猪的需要，需要从饲料中摄取，这类氨基酸叫必需氨基酸。猪所需的必需氨基酸有 10 种。其他的氨基酸在猪体内可以合成，不需直接由饲料供应，为非必需氨基酸。必需氨基酸中，有几种在饲粮中含量很少，不易满足猪的需要，又称之为限制性氨基酸。对猪来说，限制性氨基酸有赖氨酸、蛋氨酸和色氨酸。在猪的配合饲料中，不仅必需氨基酸的含量要得到满足，而且必需氨基酸含量之间要有一定的比例，这样饲料的营养价值才高。

猪日粮中蛋白质不足时，脂肪和碳水化合物都不能替代蛋白质的营养作用。主要症状为食欲不振、采食量下降、厌食。由此又导致能量摄入不足，伴随能量的缺乏。另外，还表现生长受阻、体重下降、母猪发情异常，胎儿发育不良、死胎、初生仔猪瘦弱、泌乳量下降等。公猪则精子数量减少，精液品质下降，影响受胎率。当蛋白质的缺乏伴随某种特定氨基酸的缺乏时，可能产生特异性缺乏症。饲料中蛋白质过多同样会造成不利影响，不仅增加饲料成本、造成不必要的浪费，而且长期饲喂还会引起代谢紊乱及蛋白质中毒，所以要根据猪的不同发育阶段及生理状态供给合理的蛋白质水平。

三、糖类

糖类是猪体热能的主要来源之一，而热能是维持体温、身体活动和新陈代谢所必需的。若机体糖类使用不完时，剩余下来的就会转化成脂肪贮存在体内，形成皮下、内脏周围和关节等处的脂肪组织。

糖类是植物性饲料干物质的主要成分，占饲料干物质量的3/4以上，包括无氮浸出物和粗纤维。无氮浸出物主要由糖和淀粉组成，糖和淀粉营养价值高，热能含量多，易于消化。常用的饲料如玉米、麦粉、甘薯、南瓜等糖类的含量都很高。若供给糖类过多，在肥育猪，会使体内脂肪积蓄过多而长得太肥，从而降低胴体质量；在繁殖母猪，可引起不孕或胚胎发育不良等繁殖障碍。另一方面，若供给糖类不足，又会造成猪体内脂肪和蛋白质分解以产生热能供机体利用，从而阻碍了仔猪和肥猪的生长发育，对繁殖母猪则会造成死胎或产出虚弱的仔猪。

粗纤维由纤维素、半纤维素和木质素等组成。粗纤维是饲料中最难利用的一类营养物质，坚硬、粗糙。猪不能产生消化粗纤维的酶，只能靠盲肠和结肠里微生物的发酵作用将部分纤维素和半纤维素转变为挥发性脂肪酸（乙酸、丙酸、丁酸等）后，再被吸收利用于直接供能或形成体脂肪，利用率极低。粗纤维使猪吃进后有饱的感觉，又能机械地刺激胃肠壁，增强蠕动，促进消化，防止腹泻和便秘的发生；还能够吸附微生物的有毒产物，减少对动物的伤害。但过高的粗纤维会降低饲料的消化率，饲料中粗纤维含量每增加 1%，有机物消化率将降低 1.7%，能量消化率降低 2.7%，粗蛋白消化率降低 1.47%。

猪饲料中粗纤维的适宜含量应该考虑猪的品种、年龄、粗纤维的性质等问题。适宜含量：公猪小于 7%，空怀母猪和妊娠母猪小于 12%，哺乳母猪小于 7%，20～50 千克猪小于 5%，50～100 千克肥猪小于 8%。

粗纤维中的木质素会严重妨碍大肠中微生物对粗纤维的消化，故猪对木质化的粗纤维利用能力很差。生产中不仅要注意对饲料中粗纤维含量的控制，而且要注意其木质化程度。植物越粗、老，粗纤维的木质化程度越高。例如优质谷糠粗纤维中木质素占 25%～30%，稻谷壳中占 48%，花生壳中占 45%～80%，这类饲料一般不宜喂猪。

四、脂肪

脂肪也是猪不可缺少的营养物质，在猪体内脂肪是体细胞不可缺少的组成成分，各种器官和组织成分中均含有脂肪。它是猪生命活动能量的来源之一，其能量是糖类的 2.25 倍。营养丰富时，猪往往以脂肪的形式将多余的能量贮存于体内，即形成皮下脂肪和花板油，它具有减少体热散失和保护内脏器官的作用，且比糖和蛋白质更容易转化，转化效率相对较高。营养缺乏时，贮存的脂肪又能释放出能量供应其利用。脂肪可供给幼猪必需脂肪酸，维持正常的新陈代谢。脂肪是脂溶性维生素的溶剂，能促进脂溶性维生素 A、维生素 D、维生素 E、维生素 K 的吸收利用。

猪日粮脂肪含量低于 0.6% 时，会出现脂肪缺乏症，从而导致生长不良、发育迟缓、脱毛和皮肤炎等症状。此时如加入1.5% 的植物性脂肪或动物性脂肪，可迅速使猪恢复正常生长发育。当必需脂肪酸缺乏时，会引起皮肤病变，如角质鳞片，会使皮肤对水的通透性增强，毛细血管通透性和脆性增强，水肿，皮下血症；猪免疫力和抗病力下降，严重时引起死亡；繁殖机能紊乱，繁殖力下降，甚至不育。但日粮中脂肪含量过高，如幼猪料中的含量超过6%时，则易引起消化不良和腹泻。猪对脂肪的需要量不多，口粮中含1%～1.5%即可维持猪的健康，而这种含量在各种精、粗饲料中均能达到。

正常的玉米含量高的猪饲粮不宜缺乏脂肪，而且饲粮脂肪水平可以调控畜产品的质量，可用于生产风味、保健猪肉产品。

五、无机盐

猪需要的各种矿物元素，按其在体内含量的不同，可分为常量元素和微量元素两大类。常量元素在猪体内含量较多，占体重0.01%以上，其中包括钙、磷、钾、钠、氯、硫、镁；微量元素在猪体内含量较少，占体重0.01%以下，其中包括铁、铜、锌、钴、硒、锰等元素。

1. 钙和磷　猪体所需元素中以钙和磷的数量最多，两者约占猪体无机盐的3/4。钙在骨骼中含量最多，骨中钙约占全身总钙量的99%，其余存在于血清、淋巴液和软组织中。一般每100毫升血液中含钙9～15毫克。钙的主要作用是构成骨骼，钙还有维持肌肉及神经正常生理功能和促进凝血作用。

骨骼中的磷占全身含磷总量的85%，细胞核中含量较多，肌肉、神经、腺体中也有。每100毫升血液中含磷4～9毫克。磷的生理功能主要是构成骨骼，对糖类、脂肪代谢、血液酸碱度的缓冲等均有重要作用。

猪最易缺钙。我国猪的精饲料多以谷类副产品为主，而谷类副产品一般富含磷，而缺乏钙质，如大麦含钙0.08%、含磷0.5%。养猪场中有时见到仔猪、母猪啃墙砖、拱粪便，这就是猪缺钙的表现。仔猪生长发育较快，对钙需要量大。当日粮中磷过多，或钙磷比例不当时，较易引起钙缺乏症，发生佝偻病。仔猪患佝偻病时最明显的症状是四肢瘫痪、僵硬，严重时可导致后躯瘫痪。如病情不太严重，日粮中补喂足量的钙和维生素 D 后，通常能恢复健康。如病情严重，即使补喂足量的钙，恢复也很缓慢，而且已经变形的骨骼不能复原。成年母猪由于钙供应不足或由于饲料中钙磷比例不当，加之维生素 D 不足，可引发软骨症。这是由于过多地动用了骨内贮备的钙，致使骨组织疏松，很容易发生骨折，特别是妊娠和泌乳母猪严重缺钙时，可发生瘫痪。母猪缺乏钙质还可能引起发情不正常、产生弱胎和死胎现象。但当饲料中供应钙质过多时，又会阻碍其他微量元素的吸收。

猪缺磷会表现食欲不振，体重减轻，性功能衰退，吞食异物等，同时阻碍钙在软骨组织中的沉积，从而引起一系列疾病。

钙磷供应过量可引起猪皮肤角质化等病症。

猪对钙磷的需要量，依其不同的年龄、不同的生理状况而不同。猪不但要求供应足够数量的钙磷，而且还要求钙磷有一定的比例，最适宜的钙磷比例为 $1.5 \sim 1 : 1$。

豆科牧草、胡萝卜叶、稻草粉和蚕豆、棉籽饼、菜籽饼等，钙的含量较多、石粉、贝壳粉、蛋壳粉中的含量十分丰富。

饲料中以鱼粉含磷量最多，玉米、大麦、小麦以及麸皮中含磷量也比较丰富。

2. 钠和氯　钠和氯两种元素主要存在于猪的血液、皮肤、淋巴液和乳汁中。钠可以调节血液的酸碱度；氯是形成胃液盐酸的原料，能刺激唾液和胃液的分泌，促进胃酶的活力。猪体缺乏钠和氯时，食欲减退，生长缓慢，饲料报酬降低。据试验，给猪喂食无食盐的日粮，每增重 50 千克要多消耗 87 千克饲料，其增重速度约降低一半。

一般日粮中，钠和氯的含量均不足，应补给食盐，其喂量可按精饲料的 $0.25\% \sim 0.5\%$ 供给。

3. 铁和铜　铁在猪体内绝大部分存在于血液中，肝和脾脏中含铁量较多，铁的主要功能是参与组成血红蛋白输送氧。

通常情况下，猪不会缺乏铁。因为土壤和饲料中含铁量比较多，且猪体内贮存的铁也不会轻易地排出。但哺乳期仔猪易缺乏铁，出生 2 周龄左右时最易发生。对于舍饲且又是水泥地面的猪圈，猪出现缺铁的机会较多。补充铁元素常用硫酸亚铁、柠檬酸铁、葡萄糖酸铁等。

铜在肝脏、脑、肾脏、心脏等器官以及被毛中的含量较多，其次是肌肉、骨髓、皮肤、血液等处。主要参与造血过程，加速红细胞成熟，并促进血红蛋白的生成。铁形成血红蛋白时必须有铜的存在。仔猪缺铜同样会发生贫血。

禾本科谷物子实（除玉米）及其加工副产品中含铜丰富，大豆饼中含铜量较高。硫酸铜利用率高，是养猪生产中补充铜元素的重要来源。

4. 锌　主要存于肝脏、胰脏、血液和精液中。主要作用是促进生长，缺乏时可发生皮肤角质化不全症，表现为食欲不振、生长迟缓、皮肤发炎、猪毛脱落、皮肤表面有较多的污垢。一般饲养情况下，饲料中的含锌量常超过猪的实际需要量。不易引起缺锌症，但饲喂过多的钙会引发锌缺乏症。幼嫩青饲料中含锌较多，糠麸、油饼类、酵母和动物性饲料中均含有大量的锌。

5. 碘　几乎全部存在于甲状腺中。若缺碘，甲状腺素生成量就会减少，结果造成甲状腺肿大。日粮中缺碘，可引起生长停滞，神经、肌肉功能降低，皮毛发育不良；怀孕母猪缺碘，会严重影响胎儿发育，产生死胎、弱胎或无毛仔猪。猪在缺碘时，可用碘化食盐来代替普通食盐喂猪，用量占日粮 0.5%，需注意喂量不可过多，也不可连续喂用时间过长，否则是有害的。

6. 钴　在猪体内分布很广，主要存在于肝脏、胰脏和肾脏中。钴是维生素 B_{12} 的组成成分，日粮中有足够的维生素 B_{12} 时，一般不需要再补充钴。

7. 硒　肝脏、肾脏及肌肉中含量较多。其代谢与维生素 E 有关。由于饲料中硒含量丰富，所以一般不会发生缺硒现象。猪缺硒时会出现肌肉水肿和肝脏坏死，可补加鱼粉和紫云英等饲料，也可每千克饲料添加硒 0.1 毫克。如每千克饲料含硒量超过 5 毫克即会引起中毒，所以使用时要注意与饲料混合均匀。

六、维生素

　　维生素是猪代谢所必需且需要量很少的低分子有机化合物，通常以毫克计算，对猪的生长发育起着重要作用，主要以辅酶形式广泛参与体内代谢。体内一般不能合成，必须由饲料提供，或者提供其先体物。如果猪缺乏某一种维生素时，会引起猪的代谢紊乱，引起猪只消瘦，仔猪生长停滞，胃肠及呼吸道疾病增多，母猪引起不孕和流产等。甚至发生严重的疾病，以致死亡。

　　维生素分为脂溶性维生素和水溶性维生素两大类。前者包括维生素 A、维生素 D、维生素 E、维生素 K，后者包括 B 族维生素和维生素 C 等。在猪的生长发育过程中，较重要的是猪体内不能自行合成，需要靠饲料供应的维生素 A、维生素 D、维生素 E 和 B 族维生素中的几种。

　　1. 维生素 A 和胡萝卜素　维生素 A 是猪的维生素营养中最重要的一种，可保持猪的呼吸、消化及生殖系统黏膜的正常功能。幼猪缺乏维生素 A 时，除了食欲不振、生长停滞外，还会出现神经功能退化以及过度兴奋症状，表现为头偏向一侧，同时发生痉挛和抽搐；母猪缺乏时，性周期不正常，卵细胞形成减少并缺乏生命力，即使受胎也很容易引起流产和死胎，有时还会出现无眼球及"兔唇"等畸形仔猪。公猪缺乏时精液品质下降。植物性饲料中无维生素 A，但其中含有的胡萝卜素，可以作为维生素 A 的前体物经过猪消化吸收，在小肠壁和肝脏中转化为维生素 A。

2. 维生素 D　与钙磷的吸收利用有密切关系，只有在维生素 D 的参与下，钙和磷才能在构成骨骼和牙齿等组织的过程中发生作用，否则即使钙磷含量丰富，比例恰当，其利用率也大为降低。维生素 D 能促进钙在肠道中的吸收，阻抑血液中的钙离子从大肠壁排出，从而维持正常的血钙水平，并促使钙在骨骼中沉积。同时，维生素 D 有阻滞磷从肾脏排出，并将其贮备于体内的作用。

长期缺乏维生素 D 可阻碍钙、磷的吸收和代谢，引起骨质钙化不全，使仔猪患佝偻病，使成年猪发生骨骼无机盐溶解而患软骨症。妊娠母猪严重缺乏维生素 D 时，不仅生下的仔猪体质衰弱、容易发生佝偻病，而且会生下畸形仔猪。

一般青饲料中维生素 D 的含量很低，有的饲料甚至几乎不含维生素 D，如青草、根茎类和谷类饲料。但大多数植物性饲料中含有的麦角固醇，通过日光中的紫外线照射后，可以转变成维生素 D。经日光晒制成的干草中及动物性饲料中维生素 D 的含量较高。动物性饲料鱼肝油和肝粉中维生素 D 含量最丰富。另外，猪的皮肤中有少量的 7 - 脱氢胆固醇，含量高于其他畜禽，经日光中紫外线照射后能转变成维生素 D_3。为防止猪发生维生素 D 缺乏症，最有效、最简单的方法是让猪经常晒太阳。这对于怀孕母猪、泌乳母猪和仔猪尤其重要。

3. 维生素 E　具有保护生殖系统正常功能的作用，怀孕猪缺乏维生素 E 时有死胎现象。维生素 E 与神经、肌肉组织代谢有关，严重缺乏时，可引起肌肉营养不良。维生素 E 还有保护胡萝卜素和维生素 A 的作用。广泛存在于饲料中，青饲料和谷类籽实中含量都很丰富。养猪实践中，一般是不会缺乏的。

4. B 族维生素　包括 10 多种生物化学性质不同的维生素，生产实践中，较为重要的有硫胺素（维生素 B_1）、核黄素（维生素 B_2）、泛酸（维生素 B_3）、烟酸（维生素 PP）和维生素 B_{12} 等几种。其中核黄素、烟酸、维生素 B_{12} 较易缺乏，猪的日粮中应注意补充。

（1）**核黄素**　与蛋白质、脂肪和糖类的代谢都有密切的关系，猪较易缺乏。仔猪缺乏时，常出现食欲不振、脱毛、生长缓慢等症状；繁殖用的青年母猪缺乏时，表现食欲时好时坏，增重迅速下降，有的体内胎儿被吸收或怀孕后期胎儿死亡，有的生下无毛的仔猪等。动物性饲料、豆科青饲（红花草、苜蓿）、麸皮、油饼类饲料中含量丰富。

（2）**烟酸**　为皮肤和消化器官正常生理活动所必需，猪缺乏时，会发生呕吐、下痢和皮肤炎症，长期以玉米为主要口粮时，猪常常表现有不同程度的烟酸缺乏症。多汁青饲料、牧草、麦麸、油饼类、酵母和鱼粉中烟酸含量丰富。

（3）**维生素 B_{12}**　参与造血过程和蛋白质合成，还参与糖类和脂肪的代谢。猪缺乏时，表现为生长停滞、贫血；而供应充足时，能促进猪的增重。养猪生产中，可以利用维生素 B_{12} 作为生长刺激剂，提高肉猪的生长速度。植物饲料中不含维生素 B_{12}。动物性饲料是维生素 B_{12} 的重要来源，鱼粉中含量较为丰富。

5. 影响维生素需要量的因素　包括饲粮类型（有无青饲料、抗生素等）、养殖类型（封闭式和开放式）、应激程度（应激提高猪对维生素的需要）、饲料加工形式（影响维生素的活性）、畜产品品质（添加具有抗氧化作用的维生素可提高猪肉品质）。

七、能量

饲料中的有机物质（脂肪、糖类、蛋白质等）经完全燃烧后所产生的能量，称为饲料的总热能或总能。

从饲料的能量转变为家畜（猪）体内的能量的过程，可以归纳为 4 个阶段。

1. 总能（GE）　饲料经燃烧所放的热能，就是该饲料的总能。可以用氧弹式测热器测定饲料总能。也可根据饲料的化学成分推算。饲料中 3 种有机物平均含能量：糠类为 17.36 千焦/克、蛋白质为 23.64 千焦/克、脂肪为 39.54 千焦/克。饲料中所含的总能不能全部被畜禽所利用，肉猪利用总能形成生产能的效率约为 28%。

2. 消化能（DE）　即饲料的总能扣除粪中损失的能，由消化试验时收集粪样测得。国内外用消化能作为猪的饲料能量单位。

3. 代谢能（ME）　即饲料消化能扣除尿能和消化道发酵产生的气体损失能，也就是饲料总能中真正被畜禽用于代谢的部分。

第二节　猪常用饲料的特点及利用

我国饲料资源丰富，按照饲料的性质及来源不同将其分为八大类：粗饲料、青饲料、青贮饲料、能量饲料、蛋白质饲料、矿物质饲料、维生素饲料和添加剂。

一、粗饲料

干物质中粗纤维含量在 18% 以上的饲料都是粗饲料。包括：干草、蒿秆和秕壳。猪对粗纤维的消化能力差，粗纤维的含量越高，饲料中能量越低，有机物的消化率也随之降低。一般干草类含粗纤维 25%～30%，秸秆、秕壳含粗纤维 25%～50%。

不同种类的粗饲料蛋白质含量差异很大，豆科干草含蛋白质 10%～20%，禾本科干草 6%～10%，而禾本科秸秆和秕壳为 3%～4%。从营养价值比较：干草比蒿秆和秕壳类好，豆科比禾本科好，绿色的比黄色的好，叶多的比叶少的好。

过去农家养猪，喂猪的饲料中粗饲料的比例较大，猪采食后只有饱腹感，但真正消化的不多，生长缓慢。饲养商品肉猪时，为提高生长速度，喂猪的粗饲料必须是营养价值高并且经过精细加工调制的，最好是豆科植物如苜蓿草、红三叶等。

1. 影响粗饲料营养价值的因素

（1）植物的种类和品种　不同种类的植物，其秸秆的营养成分含量和消化率是不同的。秸秆的营养价值主要取决于其纤维物质消化率的高低。豆科秸秆的粗蛋白质含量高于禾本科秸秆，但其粗纤维消化率低于豆科秸秆，因此豆科秸秆的营养价值一般要低于禾本科秸秆。相反，对于营养生长期收割的牧草植物而言，其营养价值的高低与牧草的粗蛋白质含量密切相关，因此，豆科牧草的营养价值一般高于禾本科牧草。

（2）植物的不同部位　同一种植物的不同部位如茎、叶、芯、苞叶等之间，在化学成分和消化率上也存在着较大的差异。植物叶的消化率较高，而茎秆的消化率较低，但稻草的叶片中含有大量不能消化的硅酸盐，以致其叶片的消化率比茎秆还低。蒿秆和秕壳的营养价值低。晒制干草过程中，要注意避免叶子的脱落和损失。

（3）植物的收获时间　同一种植物的不同生长发育阶段，其植株中的粗纤维等碳水化合物的含量也存在着较大的差异。同一植物随着其成熟度的不断提高，粗蛋白质含量逐渐降低，植株木质化程度随之提高，植株的消化率也逐渐下降。玉米应在不影响籽实产量的前提下应适当提前收割，或者至少在收获籽实后尽快收割秸秆，这样有利于改善玉米秸秆的消化率和营养价值。但小麦只能在籽粒干燥时才可收获，无法提前收割，因此，小麦秸的消化率和营养价值一般较低。

调制干草用的青草，应当在高产而营养丰富的时期收割，一般禾本科在抽穗期，豆科在见蕾期或开花初期收割最好。收割过早，产量低，晒制困难；收割过晚，虽然产量高，但营养价值低，适口性差。

（4）气候条件环境　温度的变化对植物的化学组成和消化率

有一定的影响。寒冷气候条件下生长的植物与热带气候条件下生长的植物相比，具有较高的粗纤维含量和较低的粗蛋白质含量。对热带和温带地区生长的禾谷类植物而言，环境温度的升高会使植物茎的生长加快，导致其可溶性碳水化合物的比例下降，细胞壁成分含量相应增加，最终造成养分消化率降低。光照条件的变化对植物体的化学组成和养分消化率也有一定的影响。弱光照条件下生长的牧草，其养分消化率也会较低。

（5）土壤条件　旱地与灌溉地上生长的玉米秸，其各部位的营养价值间存在较大的差异。旱地生长的玉米秸，粗蛋白质含量较高，而细胞壁成分的含量相对较低，因而其体外干物质消化率略高。

（6）施肥措施　施用氮肥对牧草的消化率有不同的影响。一方面，施肥可以增加蛋白质含量高、细胞壁含量低的新生长部分，提高养分消化率；但牧草成熟速度的加快，花序数量的增加和茎部发育的加快，又会降低养分消化率。因此，施用氮肥对牧草的整体影响很可能取决于牧草的生长阶段。单独使用磷肥或与氮肥合用，可以提高植物适口性。施加某些矿物质肥料可以提高植物体内相应的元素浓度。

（7）晾晒和贮藏对干草营养的影响　晒制干草时不要在烈日下暴晒过久，否则会使植物中胡萝卜素被破坏而完全损失。被雨淋和露水的侵蚀，可造成可溶性碳水化合物和氮素的损失及叶子的霉变、脱落。在翻动和运输过程中要尽可能减少叶片脱落。正确的地面晒草方法应该是先把草平铺薄层，暴晒 4～6 小时，然后集成直径 1.5 米左右的小堆继续晾晒 4～6 天，全干后再垛起来。但这种方法干燥过程长，植物分解和破坏过程持久，营养损失过多。现在普遍采用人工脱水干制方法：在 500～1 000℃ 热空气中脱水 6～10 分钟即可干燥完毕，可保留大部分营养成分。贮存时注意干燥通风，防雨防潮，经常检查，避免霉变、过热和自燃。

2. 粗饲料的加工调制

（1）粉碎　可以缩小体积，便于咀嚼和吞咽，提高消化率。喂猪的草粉粒度应能通过 0.2～1.0 毫米直径的筛孔。

（2）浸泡　将粉碎的草粉预先浸泡几小时，使粗纤维变软，起到软化饲料的作用，可改善味道和提高适口性。

（3）微生物处理　生物处理方法有自然发酵、加入酶菌（黑曲酶、根酶等）进行糖化、加入酵母菌发酵。这些方法对粗纤维的分解作用不大，主要起到水浸、软化的作用，并能产生一些糖、有机酸，从而提高适口性。但在发酵时可产生热能，使饲料中的能量遭受损失。

二、青饲料

青饲料主要指天然水分含量高于 60% 的青绿多汁饲料。以富含叶绿素而得名，种类繁多，主要包括天然牧草、栽培牧草、青饲作物、叶菜类饲料、树枝树叶及水生植物等。

饲口性好，维生素含量丰富，粗纤维含量低，钙磷比例适当，价格便宜，是养猪的常用饲料，但应用时要注意两点：①母猪和架子猪可适当多用一些，但也要注意添加量，仔猪和育肥猪要少用，仔猪吃多了易腹泻，育肥需注重高能量；②应用时注意有些青饲料需做处理才能用。

1. 青饲料的种类

（1）豆科牧草　有苜蓿、三叶草、紫云英、蚕豆苗、苕子等。该类牧草除具有青饲料的一般营养特点外，钙含量高，适口性好。生长过程中，茎木质化较早较快，现蕾期前后粗纤维含量急剧增加，蛋白质消化率急剧下降，从而降低了营养价值。因此，用豆科牧草喂猪要特别注意适时刈割。

（2）禾本科牧草　主要有青饲玉米、青饲高粱、燕麦、大麦、黑麦草等。富含糖类，蛋白质含量较低，粗纤维含量因生长阶段不同而异，幼嫩期喂猪适口性好，也是调制优质青贮饲料和青干草粉的好材料。

（3）菊科和莎草科牧草　粗蛋白质含量介于豆科和禾本科之间，但因菊科有特殊气味，莎草科牧草质硬且味淡，饲用价值较低。

（4）青饲作物　包括叶菜类（白菜、甘蓝、牛皮菜等）、根茎叶类（甘薯藤、甜菜叶茎、瓜类茎叶等）、农作物叶类（油菜叶等）。

该类饲料干物质营养价值高，粗蛋白质含量占干物质的16%～30%，粗纤维含量变化较大，为12%～30%。粗纤维含量较低的叶菜类可生喂，粗纤维含量较高的茎叶类可青贮或制成干草粉饲喂。

（5）水生饲料　主要有水浮莲、水葫芦、水花生和水浮萍。含水量特别高，能量价值很低，只在饲料很紧缺时适当补饲，长期饲喂易发生寄生虫病。可将水生植物先制成青贮饲料，然后饲喂效果较好。

2. 加工调制

（1）切碎　原则是粗纤维含量越高、猪的年龄越小，切得越短，一般以1～2厘米为宜。

（2）打浆　可消除聚合草、籽粒苋等青饲料茎叶表面的毛刺，提高饲喂效果，一般可采用打浆机进行加工调制，边放料边加水，料水比为1：1，成浆后草浆流入贮料池等容器内备用。

（3）浸泡　可清除杨树、桑叶等树叶类带有的苦、涩、臭、辛、辣等异味，提高适口性，增加采食量。一般可将树叶洗净后放入贮料池等容器内，用80～100℃的开水浸泡，2～4小时后再加入清水浸泡4～6小时。

（4）干燥　优质干燥青饲料，含水量40%～50%时，可堆集成30厘米高的草垄，任其慢慢风干。待含水量为20%～25%时，堆垛、风干、磨粉后可作为喂猪的好饲料。

（5）发酵　发酵后的青饲料具有酸、甜、香、软、熟等特点，可增进猪的食欲，增加采食量。一般可用发酵面团或酒糟、米糠、麸皮等加水后装入发酵池等容器内，压实、密封，使温度保持在30～50℃，发酵48小时后即可喂猪。

（6）青贮　能够保证常年均衡地供应青绿饲料、扩大饲料来源、减少营养损失。青饲料经青贮发酵后有酸、香味，质地变软，能降低某些饲料的异味和硝酸盐含量，增加适口性，猪爱吃。青贮饲料中含有乳酸能刺激消化液的分泌，提高饲料消化率。通常是把含水量为65％～75％的青饲料切成1～2厘米后，逐层装入青贮窖等容器内压实，在19～37℃条件下青贮45～60天，即可用于喂猪。表3-1为常用青贮饲料的营养成分。

表3-1　常用青贮饲料的营养成分（干物质基础:％）

饲料	干物质（DM）	粗蛋白（CP）	粗纤维（CF）	钙（Ca）	磷（P）
青贮玉米	29.2	5.5	31.5	0.31	0.27
青贮苜蓿	33.7	15.7	38.4	1.48	0.30
青贮甘薯藤	33.1	6.0	18.4	1.39	0.45
青贮甜菜叶	37.5	12.3	19.7	1.04	0.26
青贮胡萝卜	23.6	8.9	18.6	1.06	0.13

三、能量饲料

能量饲料是干物质中粗纤维含量在18％以下，粗蛋白质含量在20％以下的一类饲料。含有丰富的易于消化的淀粉，能量高，每千克饲料干物质含消化能10.46兆焦以上，是猪所需能量的主要来源。包括谷实类、谷实类加工副产品和淀粉类的块根、块茎类饲料。

1. 谷实类　禾本科植物的成熟种子，包括玉米、大麦、高粱、稻谷等。含无氮浸出物70％以上，粗纤维含量较低，粗蛋白质含量低，为 8%～12%，单独使用时不能满足猪对蛋白质的需要。赖氨酸和蛋氨酸含量较低，脂肪含量变化较大，为 1%～6%。矿物质中含钙低，含磷高，但都属于植酸磷，猪对植酸磷利用率低。除玉米外其他谷实含胡萝卜素较少，含 B 族维生素较多。此类饲料体积小，能量高，易消化，适口性好。用谷实类饲料喂猪，应注意配合蛋白质饲料，添加矿物质饲料。

（1）玉米　玉米是谷实类饲料的主体，是猪最主要的能量饲料，含淀粉多，消化率高。每千克干物质含代谢能 13.89 兆焦，粗纤维含量很少，脂肪含量 4% 以上，且不饱和脂肪酸含量高（亚油酸），用玉米喂育肥猪时，会使猪脂肪变软，影响胴体品质。蛋白质品质低，缺乏赖氨酸、蛋氨酸和色氨酸，应配合使用优质蛋白质饲料以补充必需氨基酸的不足。当饲喂仔猪和母猪时更应注意。玉米还含有 β-胡萝卜素、叶黄素等，尤其黄玉米含有较多的叶黄素，这些色素对皮肤着色有显著作用，优于苜蓿粉、胡萝卜素。玉米水分含量过高，还容易腐败、霉变而容易感染黄曲霉菌。黄曲霉素是一种强毒物质，是玉米的必检项目。

（2）高粱　高粱的适应性强，不适宜种植玉米的土壤可以种高粱。高粱能量含量比玉米低，蛋白质中缺少赖氨酸等必需氨基酸。饲喂时应与蛋白质饲料配合使用。高粱产量低，杂交高粱产量高但品质不好，含单宁多，适口性差，喂量过多会发生便秘。单宁主要存在于壳部，色深者含量高。配合饲料中，色深者只能加到 10%，色浅者可加到 15%，若能除去单宁，则可加到 70%。由于高粱中叶黄素含量较低，影响皮肤、脚等着色，可通过配合使用苜蓿粉、玉米蛋白粉和叶黄素浓缩剂达到满意效果。国外培育的饲用高粱，产量高，能量高，含单宁少，适口性好，可以完全替代玉米。

（3）大麦　是猪的优质饲料，粗蛋白质含量 12% 左右，蛋白质品质好，赖氨酸含量比玉米高 1 倍以上，含脂肪 2% 左右。用大麦喂育肥猪能获得优质胴体。大麦中 β-葡聚糖和戊聚糖的含量较高，饲料中应添加相应的酶制剂。还含有单宁，会影响日粮适口性。对猪的饲喂价值明显不如玉米，猪日粮中用量一般为20%，最好在10%以下。

（4）稻谷　南方产稻区可采用其喂猪。稻谷含淀粉多，其外壳由坚实的粗纤维组成，粗纤维含量高达10%左右，所以能量较低，与大麦的能量近似。为玉米的85%，将外壳分出的糙米则能量高。用稻谷喂猪可获得良好的胴体。

（5）燕麦　是一种很有价值的饲料作物，可用作能量饲料，其籽实中含有较丰富的蛋白质，在10%左右，粗脂肪含量超过4.5%。燕麦壳占谷粒总重的25%～35%，粗纤维含量高，能量少，营养价值低于玉米。一般饲用燕麦主要成分为淀粉，因麸皮（壳）多，所以其纤维含量在10%以上，可消化总养分比其他麦类低。蛋白质品质优于玉米，含钙少，含磷较多，其他无机物与一般麦类相近，维生素D和烟酸的含量比其他麦类少。

（6）荞麦　属于蓼科植物，与其他谷实类不同科。由于它的生长期比较短，只有60～80天，所以在大田耕作制度的安排上，利用季节的空隙抢种一季荞麦是提高复种指数的一个好措施。荞麦籽实可以作为能量饲料，它的籽实有一层粗糙的外壳，约占重量的30%，故粗纤维含量较高，达12%左右。但其他方面的营养特性均符合谷实类饲料的通性，故其能量价值仍然较高，消化能的含量为14.6兆焦/千克。其蛋白质品质较好，含赖氨酸0.73%、蛋氨酸0.25%。

（7）小麦　我国小麦的粗纤维含量和玉米接近，为2.5%～3.0%。粗脂肪含量低于玉米，约2.0%。小麦粗蛋白质含量高于玉米，为11.0%～16.2%，是谷实类中蛋白质含量较高者，但必需氨基酸含量较低，尤其是赖氨酸。小麦的能值较高，为12.89兆焦/千克。小麦的灰分主要存在于皮部，和玉米一样，钙少磷多，且磷主要是植酸磷。小麦含B族维生素和维生素E多，而维生素A、维生素D和维生素C极少。因此，在玉米价格高时，小麦可作为猪的主要能量饲料，一般可占日粮的30％左右。但是由于小麦中β-葡聚糖和戊聚糖比玉米高，日粮要添加相应的酶制剂来改善猪的增重和饲料转化率。

2. 糠麸类 此类饲料是谷物加工的副产品，主要有米糠、麦麸、高粱糠、谷糠和次粉等。这类饲料与谷实类相比粗纤维含量高，淀粉少，因此能量低，蛋白质含量高，矿物质中钙低磷高，B族维生素多。由于加工方式不同，饲料中营养物质含量差异很大。随着粮食加工业的发展，农副产品的种类和数量不断增加，开辟新的饲料资源，合理地利用这些饲料转化为畜产品势在必行。

（1）米糠 米糠是糙米加工成白米时的副产品，营养价值随白米加工程度而不同。加工的米越白，米糠的营养价值越高。米糠的缺点是粗纤维高（13.7％）和灰分高（11.9％）。粗蛋白质含量高，达13％～14％，粗脂肪含量高，大约14.4％，且多为不饱和脂肪酸，能量高，但不易贮存，尤其是夏季容易氧化而酸败。富含B族维生素，钙少磷多。米糠经榨油后成为米糠饼，由于脂肪含量降低，所以能量也降低，但易保存，不易氧化酸败，其他营养成分与米糠相似。米糠有轻泻作用，在饲粮中用量不宜过多，一般不超过30％，尤其是仔猪和妊娠母猪。育肥猪喂量过多能使胴体脂肪变软。

（2）麦麸 麦麸是小麦磨面粉的副产品，其营养价值与加工程度有关。面粉出得多则麦麸产量少，营养价值低；面粉出得少，则麦麸产量多，营养价值高。麦麸粗蛋白15.7％，粗纤维10％左右，粗脂肪3.9％左右，能量低，麦麸中B族维生素含量丰富，且钙少磷多，所以在使用麦麸时要注意钙的补充。麦麸质地疏松、适口性好，是喂猪的好饲料。由于粗纤维含量高，能量低，容积大，一般可占日粮的10％左右，饲喂仔猪时不宜超过5％。麦麸有轻泻作用，母猪产后用温水冲麦麸饲喂能调节消化机能，防止便秘和顶食，喂量为5％～25％，麸皮中含有较高的

阿拉伯木聚糖，喂量超过 30％时，将引起排软便。同时，吸水
性强，大量干喂也可能引起便秘。表 3‐2 为其他糠麸类的饲用
价值。

表 3‐2　其他糠麸类的饲用价值

项目	干物质 （％）	总能 （兆焦/千克）	粗蛋白质 （％）	可消化粗蛋 白质（％）	粗纤维 （％）	钙 （％）	磷 （％）
高粱糠	88.4	19.25	10.3	62	6.9	0.30	0.44
	100	22.72	11.7	76	7.8	0.34	0.56
玉米糠	87.5	16.23	9.9	58	9.5	0.08	0.48
	100	18.58	11.3	66	10.8	0.09	0.54
小米糠	90.0	18.45	11.6	74	8.0	—	—
（细谷糠）	100	20.50	12.9	82	8.9	—	—

3. 块根块茎类　这类饲料主要有甘薯、土豆、胡萝卜、饲
用甜菜和南瓜等。它们的干物质中含有很多淀粉和糖，所以能量
高，属于能量饲料。新鲜饲料含水 75％～90％，干物质少。干
物质中无氮浸出物占 50％～85％，粗纤维占 5％～11％，消化能
13.81～15.82 兆焦/千克，粗蛋白质占 4％～12％。矿物质中钙
和磷的含量都低。如果日粮中大量使用此类饲料，则要注意补充
矿物质饲料。饲料中各种维生素含量不同，维生素 C 和 B 族维
生素中硫胺素、核黄素和尼克酸含量高，胡萝卜和南瓜中含有丰
富的胡萝卜素。

（1）甘薯　又叫白薯、地瓜、山芋，是我国种植最广，产量
最大的薯类作物，甘薯块多汁，富含淀粉，属于常用的猪饲料。
一般亩*产 1 000～1 500 千克，青割干薯秧每亩产 15 000～
25 000 千克。用甘薯喂猪，在其肥育期，有促进消化、蓄积体脂
的作用。鲜甘薯含水分 70％～75％，粗蛋白质含量低于玉米。

---

　*　亩为非法定计量单位，1 亩＝1/15 公顷。

鲜喂时（生的、熟的或者青贮），饲用价值接近于玉米，甘薯干与豆饼或酵母混合作基础饲料时，其饲用价值相当于玉米的87％。其粗蛋白含量低而且品质不好，钙的含量低。以甘薯为主要饲料的地区，在配制饲粮时要注意蛋白质、矿物质和维生素的补充。甘薯和甘薯秧可以鲜喂，在秋季也可制成青贮饲料贮存起来，供冬季长期饲喂。注意有黑斑病的甘薯不能用于喂猪，会中毒。

（2）胡萝卜　适应性强，在我国南北方都可种植胡萝卜，由于它的鲜样中水分含量多、容积大，在生产实践中并不依赖它来供给能量。含有丰富的胡萝卜素，秋季将胡萝卜连叶一起做成青贮，是冬春季节维生素的重要来源。胡萝卜含有蔗糖和果糖，适口性好，能调剂饲粮的口味。胡萝卜对仔猪的生长，母猪的发情、妊娠和泌乳以及公猪精液品质都有良好的促进作用。饲喂胡萝卜时不要煮熟，以免破坏维生素。

（3）饲用甜菜　甜菜作物，适于北方种植，按其块根中的干物质与糖分含量多少可分为饲用甜菜、半糖用甜菜和糖用甜菜。饲用甜菜干物质含量低、为8％～10％，糖1％，喂猪时喂量不宜过多，也不宜单一饲喂。新鲜甜菜喂猪容易发生腹泻，应当贮存一段时间后再喂。甜菜渣为糖用甜菜制糖后的渣。甜菜渣中粗纤维含量高，但猪的消化率在80％左右，所以消化能高。干甜菜渣吸水性强，在饲喂前应用2～3倍重量的水浸泡然后再喂，避免干饲后在消化道内吸水膨胀。

（4）土豆　又叫马铃薯、地蛋、山药蛋、洋芋等。北方地区栽种，土豆产量较高。其茎叶可作青贮料。新鲜土豆含水80％左右，干物质中含淀粉70％，消化率对各种动物都比较高，可以生喂猪。土豆幼芽含有龙葵碱，能使猪中毒，喂猪前应将芽除掉。土豆宜煮熟后饲喂，煮熟后的淀粉易消化。

4. 液体能量饲料及其他　包括动物脂肪、植物油和油脚（榨油的副产物）、制糖工业的副产品糖蜜和乳品加工的副产物乳清等。

(1) **动物脂肪**　是屠宰厂将检验不合格的胴体及脏器和皮脂等高温处理后得到的，除工业用途外还是一种高能饲料。常温下凝固，加热则熔化成液态。含代谢能达 35 兆焦/千克，约为玉米的 2.52 倍，添加脂肪可提高日粮的能量水平，并改善适口性，还能减少粉料的粉尘。其在猪日粮中可占日粮的 6%～8%，除提供一定数量不饱和脂肪酸（占脂肪 3%～5%）外，主要是用来提高日粮的能量水平。用脂肪作能源饲料，可降低体增热（HI），减少猪在炎热气候下的散热负担，在夏天预防热应激。

(2) **植物脂肪**　绝大多数常温下都是液态。最常见的是大豆油、菜籽油、花生油、棉籽油、玉米油、葵花籽油和胡麻油。与动物脂肪相比，含有较多的不饱和脂肪酸（占油脂的 30%～70%），含有效能值稍高，代谢能值可达 37 兆焦/千克。主要供人食用，也用作食品和其他工作原料，只有少量用于饲料。

(3) **糖蜜**　是甜菜制糖业的副产品。甜菜渣的数量很大，是养猪的好饲料。特别在我国北方，甜菜制糖业发展很快，应充分利用这个饲料资源。甜菜渣按干物质计算粗纤维的含量显著提高，约 20%左右；无氮浸出物含量较高，约 62%；可消化粗蛋白的含量较低，仅约 4%；钙磷的含量较低，特别是磷的含量很低。甜菜虽经榨糖，但甜菜渣中仍保留一部分糖分。甜菜渣的能量含量较高，蛋白质含量较低，维生素、钙磷含量不足，特别是钙磷的比例不当，因此，为了提高甜菜渣的饲喂效果，配合日粮时应补充这些养分。

(4) **乳清**　为乳品加工厂生产乳制品（奶酪、酪蛋白）的液体副产物。主要成分是乳糖残留的乳清，乳脂所占比例较小。乳清含水量高，不适于直接用作配合饲料原料。乳清经喷雾干燥后制得的乳清粉是乳猪的良好调养饲料，已成为代乳饲料中必不可少的组分，但乳猪清粉吸水性强，加工时应特别注意。

四、蛋白质饲料

蛋白质饲料是指干物质中蛋白质的含量 20% 以上，粗纤维含量低于 18% 的饲料。营养价值十分丰富，饲料配方中必不可少。母猪常用的蛋白质饲料分为植物性的和动物性的。常用的植物性蛋白质饲料主要指饼粕类，即豆类和油类作物被提取油后的副产品，蛋白质含量更高，含有一定能量，营养价值普遍较高。通常压榨法榨油后的副产品叫油饼，溶剂浸出油后的产品叫油粕。油粕的蛋白质含量高于油饼，但脂肪含量低于油饼。压榨过程中的高温、高压导致蛋白质变性，氨基酸被破坏，但也破坏了有毒有害物质。常用的饼粕有豆粕、豆饼、棉籽饼、亚麻饼、花生饼、菜籽饼、葵花饼等。一些油籽如花生、葵花籽有外壳，加工前要脱壳。否则其饼粕的粗纤维含量会很高。

1. 植物性蛋白质饲料

（1）大豆饼（粕）　现有的产品主要有大豆粕、去皮大豆粕和大豆饼。是我国目前使用最多、使用范围最广泛的植物性蛋白质饲料。大豆粕的品质是饼粕中最优良的，其蛋白质的含量高而且主要氨基酸的组成平衡，消化率也高，大豆粕的粗蛋白质为 44%，去皮大豆粕的粗蛋白质达 47.9%，大豆饼为 41.8%。作为母猪饲料，大豆粕除了蛋白质营养价值高外，其能量价值也不低，猪的消化能达 14.26 兆焦/千克。但蛋氨酸含量低，仅 0.5%～0.7%，故玉米-豆粕基础日粮中需要添加蛋氨酸。

在生产中，要使用熟度适中的豆粕，这样适口性会比较好。我们通过观察豆粕的颜色和咀嚼可判定其熟度，豆粕的色泽由淡黄到深褐色，色泽太浅为熟度不够，色泽过深表示加热过度。生大豆或生大豆饼粕中含有抗营养因子影响消化。

（2）棉籽饼（粕）　棉籽经脱壳或部分脱壳去油后的加工副产品，其总产量很大，在饼粕中仅次于大豆饼（粕）。棉籽在加工时的脱壳量决定了其饼粕的营养价值，完全脱壳的棉籽饼（粕）的蛋白质含量在 40% 以上，部分脱壳的蛋白质在 34% 左右，而未脱壳的蛋白质仅有 22%。棉籽饼（粕）的蛋白质中氨基酸组成特点是赖氨酸的含量偏低。所以，一般在母猪日粮中只能替代 50% 以下的豆粕。另外，棉籽饼（粕）的猪消化能也低于豆粕，棉籽饼为 9.92 兆焦/千克，棉籽粕为 9.41 兆焦/千克。

　　由于棉籽饼（粕）中含有棉酚，其中游离棉酚对猪、鸡等畜禽有毒害作用。可与消化道中的铁形成复合物，导致缺铁，因此，添加 0.5%～1% 硫酸亚铁粉可结合部分棉酚而去毒，并能提高棉籽饼（粕）的营养价值。生产中饲喂时，注意不要添加过多而影响适口性，最好再添加些糖蜜类等饲料。

　　（3）菜籽饼　粗蛋白质 30% 以上，含毒素较高，一般需经去毒处理，才能保证饲料安全。还含有一定量的单宁，降低动物食欲。"双低"菜籽饼（粕）的营养价值较高，可代替豆粕饲喂猪。

　　（4）玉米蛋白粉　为玉米除去淀粉、胚芽和玉米外皮后剩下的产品。色泽为金黄色，蛋白质含量越高色泽越鲜艳。一般含蛋白质 40%～50%，高者可达 60%。玉米蛋白粉蛋氨酸含量很高，可与相同蛋白质含量的鱼粉相当，且精氨酸含量较高，但赖氨酸和色氨酸严重不足，饲喂时应考虑氨基酸平衡，与其他蛋白质饲料配合使用。由黄玉米制成的玉米蛋白粉含有很高的类胡萝卜素，是很好的着色剂。玉米蛋白粉含维生素（特别是水溶性维生素）和矿物质（除铁外）也较少。总之，玉米蛋白粉是高蛋白高能量饲料，蛋白质消化率和可利用能值高，尤其适用于断奶仔猪。

　　2. 动物性蛋白质饲料　包括水产副产品、乳品加工副产品、动物屠宰的下脚料、微生物蛋白饲料及其蚕蛹等。粗蛋白含量多数在 50% 以上，氨基酸含量比较均衡，有较高的生物学价值和利用价值。消化率一般都在 80% 以上，矿物质和维生素含量较丰富且比较均衡，尤其是 B 族维生素含量较多，几乎不含粗纤维，钙磷含量高，是一类优质蛋白质补充料。

（1）鱼粉　为优质的动物性蛋白饲料，常用蛋白质饲料中鱼粉的效果最好。实际应用中的鱼粉种类繁多，质量差别很大。优质进口鱼粉的蛋白质含量可达 60% 以上，而且蛋白质品质好，含有多种必需氨基酸，尤其是赖氨酸、蛋氨酸和色氨酸含量丰富，并且含有丰富的钙、磷、硒、碘，其中钙和磷的比例适宜，可以作为钙、磷的补充饲料；另外，维生素中 B 族维生素含量丰富，尤其是核黄素和维生素 B_{12}。国产的鱼粉质量一般差一些，蛋白质含量在 35%～50% 之间。在饲料的实际配比中，考虑到鱼粉的价格较高，且用量多时容易引起胴体脂肪变软，甚至产生不良气味，所以用量一般不超过 10%，主要用于仔猪和种猪饲养，商品肉猪可以不用。鱼粉不耐长期贮存，尤其是在高温高湿季节，容易发霉变质，变质的鱼粉可诱发消化道疾病。

（2）肉骨粉　营养价值因采用骨的比例不同而异，一般粗蛋白含量为 30%～40% 时，氨基酸组成较好，但赖氨酸和蛋氨酸含量明显比鱼粉要低，而且肉骨粉的消化率一般只有 80% 左右，并且钙磷含量高，与其他蛋白质饲料一块混合使用较好。仔猪日粮用量不要超过 5%，成猪可占 5%～10%。肉骨粉容易变质腐烂，喂前应注意检查。

3. 微生物蛋白性饲料　由各种微生物细胞制成，包括酵母、细菌、真菌和一些单细胞藻类。其中以饲用酵母应用最为成功。发酵制成的酵母混合饲料的粗蛋白含量一般可达 20%～40%，有的能达到 60%，但动物的利用效果并不是很好。酵母含有较高的 B 族维生素，缺乏蛋氨酸，而且适口性一般，饲料中的添加量应该注意控制，一般饲喂量为 2%～3%。否则将影响适口性、破坏日粮氨基酸平衡、增加日粮成本、降低猪生产性能。

市场上所售的"饲料酵母"应称为"含酵母饲料"，是以玉米蛋白粉等植物蛋白饲料作培养基，经接种酵母菌发酵而成的，这种产品中真正的酵母菌体蛋白含量很低,大多数蛋白仍然以植物蛋白形式存在,其蛋白品质较差,使用时应与饲料酵母加以区别。

4. 血粉和蚕蛹粉 工业生产中的副产品,二者的蛋白质含量均在 70% 以上,含有多种必需氨基酸。与其他植物性蛋白质饲料混合使用可明显提高猪的增重,但是二者的消化利用率低,添加量不能太多。

五、矿物质饲料

矿物质饲料是补充动物矿物质需要的饲料。它包括人工合成的,天然单一的和多种混合的矿物质饲料,以及配合在载体中的痕量、微量、常量元素补充料。在各种植物性和动物性饲料中都含有一定动物所必需的矿物质,但往往不能满足动物生命活动的需要量,因此,应补充所需的矿物质饲料。

1. 钙源饲料 天然植物饲料的含钙量与动物钙需要量相比,均感不足,需向饲粮中补加钙源饲料。

(1) 石粉 又称石灰石、白垩、方解石等,为石灰岩、大理石矿综合开采的产品,基本成分是碳酸钙,含钙量 35% 以上,并含有少量的铁和碘,是最廉价、最可靠的钙源饲料,吸收利用率很高,常用量为 1%。

(2) 贝壳粉 贝壳是海水和淡水软体动物的外壳,贝壳粉即由贝壳、砺壳粉碎而得,其主要成分也是碳酸钙。含钙量与石粉相似,可用作钙的补充饲料。新鲜贝壳需经加热、粉碎,以免传播疾病。而死贝的壳有机质已分解,比较安全。夹杂细沙、泥土等杂质的贝壳粉含钙量会降低。常用量为 1%。

微量元素预混料常使用石粉或贝壳粉作为稀释剂或载体,而且所占配比很大,配料时应把它的含钙量计算在内。

2. 磷源和磷、钙源饲料 提供磷源的矿物质饲料为数不多,仅限于磷酸、磷酸钠盐等。磷酸为液态,且具腐蚀性,配合饲料生产使用不方便。磷酸钠盐既提供磷，也提供钠。实际常用的多是同时含有钙、磷两种矿物元素的钙、磷饲料。

骨粉由动物条骨经热压、脱脂、脱胶后干燥、粉碎而成，其基本成分是磷酸钙，由于加工工艺不同，含钙和磷的数量不同，优质骨粉含钙 28%、磷 13.1%，钙磷比例 2∶1，是钙、磷较平衡的矿物质饲料。

采用简易方法生产骨粉时，不经脱脂、脱胶和热压灭菌直接粉碎，产品中有较多脂肪和蛋白，容易腐败变质，有传播疾病的危险，使用时应予注意。

磷酸氢钙中的钙、磷容易被动物吸收，是最常用的钙磷饲料。磷酸钙、过磷酸钙也是含钙、磷丰富的饲料，但吸收率不及磷酸氢钙。这类饲料中含有毒元素氟，国家规定氟含量不超过 0.18%，氟含量过高易发生氟中毒。

3. 食盐　主要成分是氯化钠，氯和钠是构成家畜体组织和机体正常代谢不可缺少的物质。能提供植物性饲料中较为缺乏的钠和氯两种元素，同时具有调味作用，提高饲料的适口性，增强猪的食欲，猪饲料中一般含 0.3%～0.5%。

4. 微量元素添加剂　根据动物必需微量元素的需要量，利用各微量元素的无机盐类或氧化物按一定比例配制成微量元素添加剂，用以补充饲料中动物必需微量元素之不足。目前各种微量元素添加剂品牌繁多，使用时既需认真鉴别质量，又需注意不同化合物微量元素的含量。

5. 天然矿物质饲料资源　麦饭石、沸石、膨润土等一些天然矿物质，不仅含有常量元素，更富含微量元素，并且由于这些矿物质结构的特殊性，所含元素大都具有可交换性或溶出性，因而容易被动物吸收利用。饲料中添加麦饭石、沸石和膨润土可以提高猪的生产性能。

（1）麦饭石　主要成分为氧化硅和氧化铝，另外还含有动物所需的矿物元素。具有溶出和吸附两大特性，能溶出多种对猪有益的微量元素，吸附对猪有害的物质如铅、镉和砷等，可以净化环境。

（2）沸石　天然沸石是碱金属和碱土金属的含水铝硅酸盐类，主要成分为氧化铝，另外还含有动物不可缺少的矿物元素，如钠、钾、铅、镁、钒、铁、铜、锰和锌等，所含的有毒元素铅、砷都在安全范围内。天然沸石的特征是具有较高的分子空隙度，良好的吸附性、离子交换及催化性能。

（3）膨润土　膨润土的阳离子交换能力很强，具有非常显著的膨胀和吸附性能。含有磷、钾、铜、铁、锌、锰、硅、钼和钒等动物所需的常量和微量元素，可以作为动物的矿物质饲料加以利用。

六、维生素饲料

在开放式的饲养条件下，畜禽对维生素的需要可以在低效率的生产条件下，通过其机体的稳恒机制或自由觅食达到低水平的平衡。即使个别维生素短期内缺乏，往往在临床症状上也表现得不十分明显。但随着现代化封闭式规模养殖业的不断发展，生产效率的不断提高，加上种种饲养环境应激，维生素的增产作用便显得愈来愈明显。

青饲料中含有较多维生素，我国南方地区结合种植绿肥，可常年供给豆科青饲料，在精饲料中可以不添加维生素。现代规模化养猪及北方地区受饲养条件和气候等因素影响，在不能供给青饲料时，必须在配合饲料或浓缩饲料中添加维生素，即维生素添加剂（在维生素添加剂中介绍）。

七、添加剂饲料

添加剂饲料是指在常用饲料之外，为补充满足动物生长、繁殖、生产各方面营养需要或为某种特殊目的而加入配合饲料中的少量或微量的物质。其目的在于强化日粮的营养价值或满足养殖生产的特殊需要，如保健、促生长、增食欲、防饲料变质、保存饲料中某些物质活性、破坏饲料中的毒性成分、改善饲料及畜产品品质、改善养殖环境等。添加量很少，一般按配合饲料最终产品的百万分之几（毫克/千克）到百分之几（%）添加，但作用极为显著，操作时要求特别仔细。广义的饲料添加剂包括营养性和非营养性添加剂两大类。

1. 营养性饲料添加剂

（1）氨基酸添加剂　猪饲料主要是植物性饲料，最缺乏的必需氨基酸是赖氨酸和蛋氨酸。因此，猪用氨基酸添加剂主要有赖氨酸添加剂和蛋氨酸添加剂。这两种氨基酸添加剂都有 L 型和 D 型之分，猪只能利用 L 型赖氨酸，D 型和 L 型蛋氨酸却均能利用。具体使用时应注意 3 个问题：①适量添加。添加合成氨基酸降低饲粮中的粗蛋白质水平，应有一定的限度。一般生长前期（60 千克前）粗蛋白质水平不低于 14%，后期不低于 12%。②看添加后经济是否划算。③人工合成的氨基酸大都以盐的形式出售，如 L 型赖氨酸盐酸盐，其纯度为 98.5%，而其中 L 型赖氨酸的量只占 78.8%。添加时应注意效价换算。例如，饲料中拟添加 0.1% 的赖氨酸，则每吨饲料中 L 型赖氨酸盐的添加量为 $1/（0.985×0.788）=1.288$ 千克（1 228 克）。

（2）维生素添加剂　随着集约化养猪的发展，长年不断而又大量地供给青绿饲料越来越受到限制。饲粮中添加维生素添加剂，得到日益广泛的应用。来自天然动、植物的提取产品如鱼肝油、胡萝卜素和直接化学合成的产品都属本类。现常用的维生素添加剂有维生素 A、维生素 D_3、维生素 E、维生素 K_3、B 族维生素（氯化胆碱、烟酸、泛酸、生物素）等。

维生素受温度、湿度和光照的影响很大，在贮存过程中有不同程度的损失。维生素和微量元素等混合后易氧化而损失。饲料中的添加量要超过需要量，其添加量仔猪为 $0.2\%\sim0.3\%$，肥育猪为 $0.1\%\sim0.2\%$。

生产中多采用复合添加剂形式配制，把多种维生素配合加入饲粮中。配合全价料时，一般通过购买猪用复合维生素来提供饲料中所需的各种维生素，如生产量很大，也可自行购买各种单体维生素添加剂来生产维生素预混料，配制复合维生素时应注意维生素间的相互作用。

（3）微量元素添加剂　为常用添加剂，从化工商店买饲料级即可（不一定非要分析纯或化学纯）。目前我国养猪生产中添加的微量元素主要有铁（Fe）、铜（Cu）、锰（Mn）、锌（Zn）、钴（Co）、硒（Se）、碘（I）等。作为添加剂使用时，必须注意以下两点：第一，充分粉碎，均匀混合。加入全价料中须先经石灰石粉等稀释，后混合。第二，实际含量。不同产品，化学形式不同，杂质含量各异，应注意该元素在产品中的实际含量。部分元素在不同化学结构中的含量是有差异的，要根据矿物质盐中所含元素量计算出所需用该盐类的数量。

不能没有原则性地添加，否则不仅会造成大量不被吸收的重金属元素随粪尿等排泄物排出，造成环境污染；还会造成铜、铁、锰、锌等金属元素蓄积在猪的肝肾组织中，影响猪肉的安全卫生。另外，被广泛用作动物生长促进剂的有机砷制剂可以提高增重及改善饲料效率，使生长猪皮红毛亮，然而大量砷制剂的使用将会导致土壤和水源含砷量的增加，影响水质和作物生长，最终危害人畜的健康。

2. 非营养性饲料添加剂　不是饲料中的固有营养成分，本身没有营养价值，但有着特殊的、明显的维护机体健康、促进生长和提高饲料利用率等作用。

目前，这类添加剂品种繁多，实践中应用也不一致。

（1）抑菌促生长剂　属于抑菌促生长的添加剂，包括抗生素类、抑菌药物、砷制剂、高铜制剂等。这类物质的作用主要是抑制猪消化道内的有害微生物的繁殖，促进消化道的吸收能力，提高猪对营养物质的作用，或影响猪体内代谢速度，从而促进生长。

　　猪的日粮中最常用的抗生素有：喹乙醇、杆菌肽锌、速大肥、阿散酸、泰乐菌素和土霉素等。主要用于保护动物健康、促进生长、提高饲料利用率、保持稳定的生产能力和控制疾病感染。特别是在养殖环境较差、饲料水平较低时效果显著。长期使用抗生素会使一些细菌产生抗药性，从而影响人畜疾病的防治。其次是抗生素的残留问题。残留有抗生素的肉类等畜产品，在食品烹调过程中不能完全使其"钝化"，影响人类健康。第三是有些抗生素有致突变、致畸和致癌作用。

　　使用抗生素饲料添加剂时，要注意：第一，最好选用动物专用的、吸收和残留少的不产生抗药性的品种。第二，严格控制使用剂量，保证使用效果，防止不良副作用。第三，抗生素的作用期限要作具体规定。一般规定屠宰前7天停止添加。

　　（2）驱虫保健剂　主要用于预防和治疗猪寄生虫病，寄生于猪体的寄生虫，不仅大量消耗营养物质，而且使猪的健康和生产受到严重的危害。驱虫药一般需多次投药。第一次只能杀灭成虫或驱成虫，其后杀灭或驱赶卵中孵出的幼虫。驱虫期间，畜舍要勤打扫，以防排出体外的虫与虫卵再次进入猪体内。以饲料添加剂的形式连续用药，有较好的驱虫效果，也是大群体、高密度饲养管理条件下，预防和控制寄生虫方便而有效的方法。

　　目前我国批准使用的猪用驱虫性抗生素，只有两个品种即越霉素A和潮霉素B。此外，近年研制开发的阿维菌素、伊维菌素也是一些高效安全的体内外驱虫抗生素，但目前我国尚未批准其作为饲料添加剂使用。

　　（3）微生态制剂　又名活菌制剂、生菌剂、益生素。即动物食入后，能在消化道中生长、发育或繁殖，并起有益作用的活体微生物饲料添加剂。是为替代抗生素饲料添加剂开发的一类饲料添加剂。具有防治消化道疾病、降低幼畜死亡率、提高饲料效率、促进动物生长等作用，天然无毒，安全无残留，副作用少。这类产品在国外已开始应用。可选作活菌制剂的微生物种类很多，主要的菌种有乳酸杆菌属、链球菌属、双歧杆菌属、某些芽孢杆菌、酵母菌、无毒的肠道杆菌和肠球菌等，多来自土壤、腌制品和发酵食品、动物消化道、动物粪便的无毒菌株。生产和选用这类产品时，绝对不能引入有毒、有害菌株；产品必须稳定存活且对消化道环境和饲料加工、贮存等因素有较强的抵抗能力。使用活菌制剂获得理想效果的关键是猪食入活菌的数量，一般认为每克日粮中活菌（或孢子）数以 20 万～200 万为佳。此外，与活菌制剂的菌种、动物所处的环境条件有关。当动物处于因断奶、饲料改变、运输等引起的应激状态或其消化道中存在抑制动物生长的菌群时，使用活菌制剂效果比较明显。

动物消化道内存在的正常微生物群落对宿主具有营养、免疫、生长刺激和生物颉颃等作用，是维持动物良好健康状况和发挥正常生产性能所必需的条件。近年来，已开始采用寡糖等通过化学益生作用调控动物消化道微生物群落组成。这些寡糖包括果寡糖、甘露寡糖、麦芽寡糖、异麦芽寡糖、半乳糖寡糖等。饲料中适量添加寡糖，可提高猪生长速度，改善其健康状况，提高饲料利用率和免疫力，减少粪便及粪便中氨等腐败物质含量。

（4）酶制剂　猪对饲料养分的消化能力取决于消化道内消化酶种类和活力。饲料中添加外源酶可以辅助猪消化，提高猪的消化力，改善饲料利用率，扩大对饲料物质的利用，扩大饲料资源，消除饲料抗营养因子和毒素的有害作用，全面促进饲粮养分的消化、吸收和利用，提高猪的生产性能和增进健康，减少粪便中的氮和磷等排出量，保护和改善生态环境等。作为饲料添加剂的酶制剂多是帮助消化的酶类，主要有蛋白酶类、淀粉酶类、纤维素分解酶类、植酸酶等。

目前多从发酵培养物中提取酶，制成饲料添加剂，也有连同培养物直接制成添加剂的。由于酶活性受许多因素的影响，其作用具有高度的特异性，为了适应底物的多样性、复杂性和动物消化道内 pH 环境的变化，根据使用对象和使用目的的要求，选用不同来源、不同 pH 适应性的酶配制成的多酶系复合酶制剂，适应范围广，作用能力强，在饲料中的添加效果好，是较理想的酶添加剂产品。

（5）调味、增香、诱食剂　主要为增进动物食欲，或掩盖某些饲料组分的不良气味，或增加动物喜爱的某种气味，改善饲料适口性，增加饲料采食量。

作为调味剂的基本要求：第一，加入饲料后的味道或气味更适合猪的口味，从而刺激猪食欲，提高采食量；第二，调味剂的味道或气味必须具有稳定性，在正常的加工贮存条件下，味道或气味既不被挥发掉，又不致变成另一种不被动物喜爱的味道或气味。

调味剂有天然的和合成的两种，主要活性成分包括：香草醛、肉桂醛、茴香醛、丁香醛、果酯及其他物质。商品调味剂除含有提供特殊气味和滋味的活性物外，一般还含有如助溶剂、表面活性剂、稳定剂、载体或稀释剂、抗黏结剂等非活性的辅助剂。

饲料调味剂产品有固体和液体两种形式。液体形式的饲料调味剂为多种不同浓度的溶液，添加方法通常是以喷雾法直接喷附在颗粒饲料表面或饲料中，但这种添加方法对于饲料中香料的香气不能持久，故多用于浆状或液体饲料中。固体调味剂通常是以稻壳粉、玉米芯粉、麦麸粉以及蛭石等作为载体的粉状混合物。有的将香料调味剂制成胶囊，可提高稳定性，延长香气持续时间。干燥固体调味剂较液体调味剂稳定性好，使用较方便，不需喷雾设备，且易装运、贮存。但液体调味剂一般较便宜、经济，添加于颗粒饲料较方便，效果好。实际应用需根据需要选用。

调味剂主要用于人工乳、代乳料、补乳料和仔猪开食饲料，使仔猪不知不觉地脱离母乳，促进采食，防止断奶期间生产性能下降。添加的香料主要为乳香型、水果香型，此外还有草香、谷实香等。常加的除牛人工乳中的香源外，还有柑橘油、香兰素以及类似烧土豆、谷物类的香味都是猪所喜爱的。一般断奶前先在母猪饲料中添加，使仔猪记住香味，再加入人工乳中。开始以乳香型为主，随着日龄的增加，逐渐增加柑橘等果香味香料，后期逐渐转为炒谷物、炒黄豆等，使其逐渐转为开食料。

（6）酸化剂　有机酸类的柠檬酸、延胡索酸，可提高幼龄猪胃液的酸性，促进乳酸菌等耐酸菌的大量繁殖，从而抵抗致病菌的侵入。可降低猪病理性腹泻，提高断奶仔猪的增重和饲料转化率。

（7）中草药制剂　具有补充营养、增强免疫力、激素样作用、抗应激、抗微生物和促进生长等多种功能。可用于个体治疗、群体防治。

（8）禽类抗体　主要包括大肠杆菌和沙门氏杆菌抗体、脲酶抗体和胆囊收缩素抗体。在猪的日粮中添加可以显著降低仔猪腹泻率，提高日增重，降低料肉比，改善生产性能。能取代抗生素作为生长促进剂，并且不存在药物残留和抗药性等问题。

安全生产中，使用安全、无残留、不含抗生素、重金属、激素和违禁药品的"绿色"饲料添加剂，不会引起猪异常的生理过程和潜在的亚临床表现，还有利于猪的正常生长，提高生产效益。

3. 其他非营养性生长促进剂　包括铜制剂、有机砷制剂等。如每吨日粮添加 150～250 克铜，可提高日增重 8% 左右，提高饲料利用率 5% 左右。

第三节　瘦肉型猪安全生产的
饲料配制

一、瘦肉型猪的营养要求

猪体为了维持正常的生活、生长和繁殖后代，必须从饲料中摄取所需的各种营养物质。如日粮中缺乏某一种或某几种猪体所必需的营养物质，猪体就不能健康地生长、生活而影响繁殖，严重时造成死亡。养猪生产中，需供给猪一定的营养物质，保证猪对各种营养物质的需要。饲养过程中应根据不同的生产目的按饲养标准供给，才能收到预期的效果。制定各类猪的日粮时应参照已制定的饲养标准和查找饲料营养价值表来确定各类饲料的比例。

猪的营养需要包括维持营养需要、生长营养需要和生产营养需要。

1. 猪的维持营养需要　是指猪在不增加体重又不减少体重的条件下，维持健康状态生活所需要的营养。此时饲料中的营养物质只用作健康生活所需，保证进行吸收、血液循环、消化和维持体温以及修补各组织在代谢中的作用。

2. 猪的生长营养需要　是指后备猪和肥育猪前期，体重的增加和体尺的增长所需要的营养，这个阶段是猪生长强度最大的时期，要供给足量的能量、蛋白质、矿物质和维生素。培育和生产瘦肉型猪时对蛋白质的给量更应特别注意。

3. 猪的生产营养需要　是指肥育猪的长肉，公猪的配种和母猪的产仔的营养需要。育肥猪要注意能量和蛋白质的给量，能量过剩会增加脂肪的沉积，蛋白质不足会使胴体瘦肉率降低和肉质下降。种公猪如能量过多，会导致体况过肥而失去种用价值。蛋白质不足会降低猪的精液品质。妊娠母猪营养需要随母猪妊娠期各阶段胎儿的生长发育特点而变化。此时母猪的营养需要包括：

维持母体本身营养需要、妊娠产仔营养需要、母猪贮备需要。如果是初产母猪还要加上青年母猪本身生长的营养物质需要。哺乳母猪的营养需要应包括维持需要、泌乳营养需要、母猪贮备需要。

二、瘦肉型猪安全生产的饲养原则

（1）根据猪在不同生长时期对营养物质的需求，按照猪的营养标准，配制出适合不同生长阶段猪的全价配合饲料。饲料中不应给肥育猪使用高铜、高锌日粮。

（2）禁止在饲料中额外添加 β-兴奋剂、镇静剂、激素类、砷制剂。

（3）使用含有抗生素的饲料添加剂时，应符合《饲料药物添加剂使用规范》，并在商品猪出栏前，按 NY/T 5030 执行休药期。

（4）不使用变质、霉败、生虫或被污染的饲料。不应使用未经无害处理的泔水及其他畜禽副产品。

三、影响饲用原料安全的质量要求

1. 大宗原料商品质量要求

感官要求：色泽新鲜一致，无发酵、霉变、结块及异味、异臭；有害物质及微生物允许量应符合《饲料卫生标准》规定；制药工业副产品不应作生猪饲料原料。

2. 营养性及一般性饲料添加剂产品要求

（1）饲料添加剂来源　应是具有农业部颁发的饲料添加剂生产许可证的正规企业生产的、具有产品批准文号的产品。

（2）饲料添加剂使用　应遵照饲料标签所规定的用法和用量。

（3）营养性饲料添加剂和一般性饲料添加剂的感官要求　具有该品种应有的色、嗅、味和组织形态特征，无异味、异臭。

四、药物性饲料添加剂及安全使用原则

（1）药物饲料添加剂的使用应按照中华人民共和国农业部发布的《药物饲料添加剂使用规范》执行。

（2）除《药物饲料添加剂使用规范》中收载的品种及农业部今后批准允许添加到饲料中使用的饲料药物添加剂外，任何其他兽药产品一律不得添加到饲料中使用。

（3）兽用原料药不得直接加入饲料中使用，必须制成预混剂后方可添加到饲料中。使用药物饲料添加剂应严格执行休药期制度。

（4）无公害生猪饲料中不应添加氨苯胂酸、洛克沙胂等砷制剂类药物添加剂。生猪饲料中不应添加国家严禁使用的盐酸克伦特罗等违禁药物。

五、全价配合饲料、浓缩饲料和添加剂预混合饲料的安全生产要求

1. 感官要求　色泽一致，无发酵霉变、结块及异味、异臭。

2. 产品质量要求　产品成分分析保证值应符合标签所规定的含量。

3. 配合饲料中对微量元素铜含量的规定　30千克体重以下猪的配合饲料中铜的含量应不高于每千克250毫克；30～60千克体重猪的配合饲料中铜的含量应不高于每千克150毫克；60千克体重以上猪的配合饲料中铜的含量应不高于每千克25毫克。

4. 浓缩饲料中有害物质及微生物允许量和铜的含量　按说明书的规定用量，折算成配合饲料中的含量计，其有害物质及微生物允许量表3-3饲料安全卫生指标限量规定执行。

在此基础上，通过添加益生素、小肽、酶制剂、半胱氨酸、

酸化剂、寡聚糖、有机微量元素等取代抗生素，提高饲料转化率，开发出生态环保安全型的无公害饲料，从源头上保证瘦肉型猪的安全生产。

表3-3　饲料、饲料添加剂卫生指标

序号	卫生指标项目（允许量）	产品名称	指标	试验方法	备注
1	砷（以总砷计）的允许量（每千克产品中），毫克	猪配合饲料	≤2.0	GB/T 13079	不包括国家主管部门批准使用的有机砷制剂中的砷含量
		猪浓缩饲料	≤10.0		以在配合饲料中20%的添加量计
		猪添加剂预混合饲料			以在配合饲料中1%的添加量计
2	铅（以 Pb 计）的允许量（每千克产品中），毫克	猪配合饲料	≤5	GB/T 13080	
		仔猪、生长肥育猪浓缩饲料	≤13		以在配合饲料中20%的添加量计
		仔猪、生长肥育猪复合预混合饲料	≤40		以在配合饲料中1%的添加量计
3	氟（以 F 计）的允许量（每千克产品中），毫克	猪配合饲料	≤100	GB/T 13083	高氟饲料用 HG 2636—1994 中4.4条
		猪添加剂预混合饲料	≤1 000		以在配合饲料中1%的添加量计
		猪浓缩饲料	按添加比例折算后，与相应配合饲料规定值相同		
4	霉菌允许量（每克产品中），霉菌数×10^3	猪配合饲料	<45	GB/T 13092	
		猪浓缩饲料			
5	黄曲霉毒素 B_1 允许量（每千克产品中），微克	仔猪配合饲料及浓缩饲料	≤10	GB/T 17480 或 GB/T 8381	
		生长肥育猪、种猪配合饲料及浓缩饲料	≤20		

（续）

序号	卫生指标项目（允许量）	产品名称	指标	试验方法	备注
6	铬（以 Cr 计）的允许量（每千克产品中），毫克	猪配合饲料	≤10	GB/T 13088	
7	汞（以 Hg 计）的允许量（每千克产品中），毫克	猪配合饲料	≤0.1	GB/T 13081	
8	镉（以 Cd 计）的允许量（每千克产品中），毫克	猪配合饲料	≤0.5	GB/T 13082	
9	氰化物（以 HCN 计）的允许量（每千克产品中），毫克	猪配合饲料	≤50	GB/T 13084	
10	亚硝酸盐（以 $NaNO_2$ 计）的允许量（每千克产品中），毫克	猪配合饲料	≤15	GB/T 13085	
11	游离棉酚的允许量（每千克产品中），毫克	生长肥育猪配合饲料	≤60	GB/T 13086	
12	异硫氰酸酯（以丙烯基异硫氰酸酯计）的允许量（每千克产品中），毫克	生长肥育猪配合饲料	≤500	GB/T 13087	
13	六六六的允许量（每千克产品中），毫克	生长肥育猪配合饲料	≤0.4	GB/T 13090	
14	滴滴涕的允许量（每千克产品中），毫克	猪配合饲料	≤0.2	GB/T 13090	
15	沙门氏菌	饲料	不得检出	GB/T 13091	
16	细菌总数的允许量（每千克产品中），细菌总数×10^6 个	鱼粉	<2	GB/T 13093	限量饲用：2～5 禁用：>5

注：①所列允许量均为以干物质含量为 88％的饲料为基础计算；②浓缩饲料、添加剂预混合饲料添加比例与本标准备注不同时，其卫生指标允许量可进行折算。

六、饲料的安全采购和贮存

安全饲料等于安全猪肉。饲料及原料应符合营养指标和卫生指标要求。

1. 采购

（1）采购的饲料原料、饲料添加剂、饲料药物添加剂、辅助料、预混料、浓缩料、全价饲料等，应符合 GB 13078 和 NY 5032 规定。产品质量符合商标要求。

（2）采购成品饲料必须检查包装袋的标签或说明书，是否具备名称、配方号、成分含量、数量、商标、批号、生产日期、保质期、厂名、厂址、电话等必备条款。

（3）饲料运进场时，应对实物进行抽样目测检查水分、杂质、色泽、气味、包装等是否符合要求，外观油污结块、霉变等情况。杜绝农药、兽药污染的原料，有毒有害物质污染的原料，发霉变质的原料进厂。

（4）猪场大批量购入饲料，除目测外还应抽样送化验室检测。

2. 贮存

（1）猪场购进的饲料应经验收合格后方可进库。库内饲料应按品种、规格分别有序堆放。

（2）购进的全价饲料贮存期不应超过 15 天。自配饲料宜即用，存放期不应超过 7 天。

（3）仓库应做好防潮、防霉变、通风等措施，防止微生物污染，应有防虫、鼠的设施和设备，同时定期有步骤地对原料进行检测，发现问题及时解决。

七、饲料配制

1. 饲养标准 饲养标准是根据猪的不同类型、性别、体重、生产目的和要求等，规定出每头猪每天对能量、蛋白质、矿物质、维生素等各种营养物质最适宜的需要量，是根据大量科学试验和生产实践总结出来的，是制定饲料配方、发展饲料工业、指导科学饲养的依据。按饲养标准配合饲料，按规定的营养定额进行饲养，是实行科学养猪的前提，可经济有效地利用饲料，降低养猪成本，提高经济效益。

饲养标准中给出的养分供给量能够满足猪在最适环境条件下饲养时，维持生命和生产的最低营养需要量。就一个独立的个体而言，它不是在任何情况下都是最合适的。饲养标准只是作为多数正常条件下的养分供给量的基本参考。

猪的饲养标准共包括消化能、粗蛋白质、钙、磷、食盐、各种氨基酸、微量元素和维生素等 30 多项指标，分别以千焦耳（或兆焦耳）、%、克、毫克、微克等单位表示。

2. 饲料配合注意事项

（1）猪场生产配合饲料、浓缩饲料和添加剂预混合饲料应符合 GB 13078 要求。

（2）猪场应按照国际或按照猪的品种、类别和生长阶段自行制定饲料标准，配制饲料。

（3）猪场应加强对饲料添加剂及添加药物的监控，应符合 NY 5032 规定。

（4）猪场使用饲料药物添加剂、饲料添加剂、浓缩饲料和添加剂预混合饲料自行配制配合饲料时，配方要合理，比如棉粕用量过多，易造成棉酚中毒。加工要适当，比如加工豆粕时偏生，蛋白酶抑制剂未能被大量破坏，则易引起仔猪腹泻；若加工过度，则会发生美拉德反应，从而降低赖氨酸的消化率。从外地购入成品饲料时，要对厂家进行考察，最好使用已取得绿色食品标志厂家生产的产品。混合的均匀度变异系数不大于 15%。

（5）严格实行饲料成品检测制度，检测确定符合标准后，分品种包装、标记，分别堆放。

3. 饲料配合应遵循的原则

（1）营养均衡　根据当地的饲料资源，先制定一个合理的饲料配方，然后根据不同阶段猪对营养的需要，选择适宜的饲料品种，做到多样搭配，营养全面而平衡，尤其是氨基酸的平衡，以提高饲料的利用率。猪配合料的原料除矿物质、添加剂外，应不少于3种。

（2）体积适中　应注意猪的采食量与饲料体积大小的关系，体积过大吃不完，体积过小吃不饱，公猪料体积过大易造成垂腹。

（3）适口性好　注意饲料的品质、细度、容积，以及纤维素和矿物盐的含量。配好的日粮一定让猪喜爱采食，即具有良好的适口性，对那些营养价值高、适口性差的饲料，用量应该由少到多，使猪逐渐适应。

（4）质优价廉　经常了解饲料市场信息，选择来源广泛、质优价廉的原料，并尽量选用自产饲料，随时调整饲料配方，做到灵活性、合理性，以降低养猪成本，力求取得最大经济效益。

（5）安全性　饲料必须在保证安全性的基础上才能评价其营养性。选用原料，包括饲料添加剂，必须安全可靠，无发霉、酸败、污染、毒素等，对于不合质量标准的原料，不能使用。在添加剂的使用上，必须遵守添加剂的停药期和禁止使用的规定。

（6）有利于改善胴体品质　瘦肉型猪长期、大量饲喂玉米、花生粕和米糠等饲料易产生软脂，从而降低胴体品质，故其用量不宜过大。最好能与大麦、豌豆、动物性饲料及含有淀粉质量高的红薯等配合使用，以利于改善猪的胴体品质。

（7）多样性　合理搭配多种饲料，以发挥各种物质的互补作用，提高饲料利用率。还要根据不同猪群，选用不同类型的日粮。一般来说，仔猪、种公猪、催肥阶段的育肥猪，可选用精料型，即精料可占日粮总重的50%以上；繁殖母猪、后备母猪可选用青料型，即青饲料可占日粮总重的50%以上；架子猪可选用糠麸型，即糠麸类饲料可占日粮总重的50%以上。

（8）粗纤维含量　仔猪不超过3％，生长猪不超过6％，种猪不超过12％。

（9）搅拌均匀　配合饲料时，应先将添加剂与少量饲料预混合后，再逐步由少到多地加入各种饲料，使之尽量混合均匀。否则，将很难达到配合饲粮的效果。

4. 饲料配合的方法　饲料配合的方法很多，最常用的是人工试差法。养殖户在用种类繁多的饲料喂猪之前，首先根据饲料品种、饲料中的营养价值以及猪不同生理阶段的营养要求，初步选择所用原料，根据经验粗略配制一个配方（大致比例），然后根据饲料成分及营养价值表计算配方中各饲料的养分含量，将计算的养分分别加起来，与饲养标准相比较，看是否符合或接近。如果某养分比规定的要求过高或过低，则需对配方进行调整，直至与标准相符为止。其次，利用能量饲料为基础，然后再用其他补充料解决蛋白质、矿物质和维生素的不足。现在已有许多配方软件，采用计算机配方，可加快配方的速度。

计算配方时一般只计算消化能、粗蛋白质、赖氨酸、蛋氨酸、苏氨酸、色氨酸、钙和磷的水平即可。食盐直接添加，微量元素和维生素应配制成预混料后按比例添加。

例如，现有玉米、豆饼、米糠、麸皮、菜籽粕、鱼粉、石粉、食盐等原料，为60～90千克的瘦肉型生长肥育猪配制一种适宜的配合饲料，试差法如下：

第一步，先从饲养标准中查出60～90千克瘦肉型生长肥育猪所需主要营养含量：消化能为12.96兆焦/千克，粗蛋白质14％，钙为0.5％，磷为0.4％，赖氨酸为0.63％，蛋氨酸加胱氨酸为0.32％。

第二步，从饲料营养成分表中，查出所选原料相应的营养成分含量。

第三步，根据借鉴或参考的饲料配方即经验值，按蛋白质和能量的需要量及各种饲料原料的特性，初拟配方见表3-4。

表 3-4 初拟配方

饲料名称	比例（%）	能量（兆焦/千克）	粗蛋白质（%）
玉米	63	14.46×0.63＝9.109	8.6×0.63＝5.418
麸皮	16	10.87×0.16＝1.739	14.4×0.16＝2.304
米糠	6	11.33×0.06＝0.679	11.6×0.06＝0.696
豆粕	5	14.0×0.05＝0.70	44×0.05＝2.2
菜粕	7	11.2×0.07＝0.784	38×0.07＝2.66
鱼粉	1	14.25×0.01＝0.143	55×0.01＝0.55
合计	98	13.154	13.828
标准配方要求		12.958	14.0

　　第四步，调整配方，使能量和蛋白质符合饲养标准。方法是降低配方中某一饲料的比例，同时增加另一饲料的比例，两者的增减数相同。计算时可先求出每代替 1% 时，日粮能量和粗蛋白质的改变值，然后根据初拟配方所求出的与标准的差值，计算出应代替的百分数。

　　由初拟配方可知，能量比标准值高 0.196 兆焦/千克，粗蛋白质低 0.172%。可用粗蛋白质较高、能量较低的麸皮代替玉米，每代替 1% 使能量降低 0.036 兆焦/千克〔（14.46－10.87）×1%〕，共代替 3% 后，粗蛋白质达 14%（13.828＋0.058×3＝14.002），能量降为 13.05 兆焦/千克（13.154－0.036×3＝13.046），即玉米改为 60%、麸皮改为 19% 后，能量和蛋白质基本与标准相符。

　　第五步：与第四步相同的方法，计算矿物质及氨基酸值。初拟配方的日粮中钙、磷、及氨基酸含量值见表 3-5。

表 3-5 日粮中钙磷及氨基酸含量

饲料名称	比例（%）	钙（%）	磷（%）	赖氨酸（%）	蛋氨酸＋胱氨酸（%）
·	·	·	·	·	·

（续）

饲料名称	比例（%）	钙（%）	磷（%）	赖氨酸（%）	蛋氨酸＋胱氨酸（%）
合计	98	0.17	0.49	0.49	0.44
标准配方要求		0.5	0.4	0.63	0.32
与标准配方比较		－0.33	＋0.09	－0.14	＋0.12

由表可知，与饲养标准比，日粮中钙低 0.33%，磷高 0.09%；赖氨酸低 0.14%，蛋氨酸高 0.12%。钙不足用石粉补充，市售石粉含钙 38%，添加 1% 后，日粮中钙可达到 0.55%（0.17%＋38×1%＝0.55%）。磷因其中含有相当比例的植酸磷，使其吸收率降低，所以含量可比标准略高，但须保证钙磷比例合适（钙/磷＝1.12 基本合适）。赖氨酸不足可用合成赖氨酸添加剂补充，目前市售赖氨酸纯度为 98.5%，缺少的 0.14%，可通过添加 0.142%（0.14%×0.985＝0.142%）来满足要求，而且调整后的赖氨酸量与蛋氨酸量的比例也基本符合理想蛋白质的要求。

配方中已为矿物质和预混料留出 2% 的配比，现添加 0.5% 的符合预混料、1% 石粉和 0.142% 赖氨酸后，再添加 0.25% 食盐，余下 0.108% 加到玉米上去。一般配合饲料时，都以玉米作为机动项来调节营养成分的含量。

第六步：计算和整理后，列出饲料配方及主要营养指标即可。

表 3-6 提供了饲料原料的常用比例以供参考。

表 3-6　饲料原料用量比例

饲料原料	添加比例（%）	说明
能量饲料（以谷实为主）	50～70	能量要求低的用 50% 左右，高的用 70% 左右，大多为 60%

饲料原料	添加比例（%）	说明
植物蛋白（以饼粕为主）	10～30	蛋白要求低的用10%，高的可达30%，大多为15%～25%
动物蛋白	0～8	高产、快速生长期适当应用，一般为2%～5%，不超过8%，少数例外
糠麸类	0～20	能量蛋白要求很低时可用到20%左右，一般10%左右，高产动物少用或不用
矿物质饲料	2～10	包括补充钙、磷和食盐的原料。一般可用2%～4%，其中食盐占0.25%～0.40%
合成氨基酸	0.2～2	氨基酸要求高时适量应用，一般以添加赖氨酸为主

5. 配合饲料的规格要求

不同种类家畜的配合饲料，其生产规格都有不同的要求。中华人民共和国国家标准（GB 5915—1986）中对猪的配合饲料规格要求如下：

（1）感官指标　色泽一致，无发霉变质、结块和异味。

（2）水分　北方，不高于14%；南方，不高于12.5%。

（3）加工质量标准　粉碎粒度全部通过8目分析筛，16目分析筛筛上物不得大于20%。

配合饲料混合应均匀，经测试后其均匀度变异系数不大于10%。

（4）营养成分见表　根据各项指标不同，每项允许有一定的绝对误差，一般为0.1%～0.8%。

6. 喂料

（1）饲养员在喂猪之前，应核实投喂饲料的品种、类别，并依照饲料使用登记册记录。

（2）饲养员在投料之前，应观察饲料外观，如发现饲料发霉、有异味，宜暂停投料，报场长处理。不应使用变质饲料喂猪。

（3）饲养员应做好喂养猪情况观察，及时向管理员汇报猪只饮水、食料和健康等异常状况。

7. 配方实例

方案一：

（1）仔猪期（10～20千克）　玉米60%、小麦麸10.5%、花生饼或豆饼15%、国产鱼粉10%、酵母粉3%、骨粉1%、食盐0.5%。

（2）育肥前期（体重21～35千克）　玉米59%、小麦麸13%、花生饼或豆饼15%、粉（玉米秸、花生秧、地瓜秧、青干草）5%、国产鱼粉6%、骨粉1.5%、食盐（咸鱼可不加）0.5%。

（3）育肥中期（体重36～60千克）　玉米51.9%、小麦麸24%、花生饼或豆饼15%、草粉3%、国产鱼粉4.3%、骨粉1.3%、食盐0.5%。

（4）育肥后期（体重61～90千克）　玉米65.2%、小麦麸18%、花生饼或豆饼10%、草粉3%、国产鱼粉2%、骨粉1.3%、食盐0.5%。

方案二：

（1）仔猪期（猪体重10～20千克）　玉米60.2%、麸皮4%、豆饼28%、鱼粉4%、酵母粉2%、食盐0.3%、骨粉0.5%、复合微量元素0.5%、多种维生素0.5%。

（2）育肥前期（猪体重21～35千克）　玉米63%、麸皮10.2%、豆饼13.5%、菜籽饼6%、鱼粉5%、食盐0.3%、骨粉1%、复合微量元素0.5%、多种维生素0.5%。

（3）育肥中期（猪体重36～60千克）　玉米62%、麸皮12%、谷糠5%、豆粕10%、菜籽饼5%、鱼粉3.5%、食盐0.5%、骨粉1%、复合微量元素0.5%、多种维生素0.5%。

（4）育肥后期（猪体重61～90千克）　玉米57%、麸皮18%、谷糠6%、豆粕9%、菜籽饼5%、酵母粉3.3%、食盐

0.5%、骨粉 1%、复合微量元素 0.1%。

（5）妊娠猪（%）　玉米 49.0，豆粕 13.0，麸皮 16.6，草粉 18.0，磷酸氢钙 1.5，石粉 0.5，食盐 0.4，1%添加剂 1.0。

（6）哺乳猪（%）　玉米 45.5，豆粕 19.0，麸皮 16.0，草粉 11.0，鱼粉 4.0，磷酸氢钙 2.0，石粉 1.0，赖氨酸 0.1，食盐 0.4，1%添加剂 1.0。

（7）种公猪（%）　玉米 54.0，豆粕 26.0，麸皮 13.6，鱼粉 2.0，磷酸氢钙 2.0，石粉 1.0，食盐 0.4，1%添加剂 1.0。

配合猪饲料可充分利用当地资源，就地取材，切不可生搬硬套，舍近求远。灵活应用饲养标准，根据畜禽的健康状况与生产性能等因素，在坚持饲养标准的基础上，增减 5%～10% 是允许的。

8. 配合饲料的分类

（1）按营养成分和用途分　可划分为添加剂预混料、浓缩饲料和全价配合饲料。

①浓缩料：浓缩料是全价配合饲料的一部分，一般占全价配合饲料的 5%～30%。它是饲料厂生产的半成品，不能直接饲喂动物。浓缩料和一定配比的能量饲料（玉米、麸皮等）相混合，才可制成全价配合饲料或精料混合料。

典型的浓缩饲料内由 3 部分原料组成，即添加剂预混料、蛋白质饲料、常量无机盐饲料（包括钙、磷饲料和食盐），一般占全价配合饲料的 20%～30%。

浓缩料的好处是：就近利用当地的能量饲料，减少往返运输费用；有利于地区性典型饲料配方的深入研究，提高饲料利用效率；促进地区性青、粗饲料的有效利用；促进乡、镇饲料加工点、站的建立，从而构成饲料工业的合理体系。

②添加剂预混料：用一种或几种添加剂（如微量元素、维生素、氨基酸、抗生素等）加上一定数量的载体或稀释剂，经充分混合而成为均匀混合物。根据构成预混料的原料类别或种类，又

分为微量元素预混料、维生素预混料和复合添加剂预混料。既可直接配制饲料，又可用于生产浓缩料和全价配合料。市售的多为复合添加剂预混料，一般添加量为全价饲粮的 0.25％～0.3％。

③全价配合饲料：浓缩饲料加上一定比例的能量饲料，即可配制成全价配合饲料。含有猪所需要的各种养分，不需要再添加其他任何饲料或添加剂，可直接喂猪。

（2）按饲料的物理形态分　分为粉料、湿拌料、颗粒料、膨化料等。

1）颗粒配合饲料　颗粒配合饲料具有许多优点：①成品运输时，避免了分级现象，且体积较小，便于运输。②防止挑食造成营养不平衡。③减少成品运输过程中的粉尘，并可降低微量元素的损失。④制粒过程中因蒸汽作用，淀粉糊化，可提高饲料消化率；猪日增重可提高 10％～14％。⑤制粒时可加入糖蜜、油脂，改善饲料的适口性。⑥制粒中使用蒸汽，起一定的消毒作用。⑦可缩短猪的采食时间。

2）膨化饲料　膨化饲料时将饲料通过机械干法挤压加工，产生压力和摩擦，在一定的温度和压力下，使饲料中发热淀粉糊化而蒸炒和膨胀，从而破坏其中的抑制因素，使饲料改性或灭菌消毒，并脱去水分。它的作用类似于热喷加工，但是不用蒸汽，设备简单，生产厂房占地较小。

9. 热喷加工技术　饲料的热喷加工是新发展起来的一项新技术。可以开发多种非常规饲料资源和提高常规饲料的营养价值，扩大饲料资源，节约饲料，降低成本；还可以变废为宝，减少环境污染，具有显著的经济效益和社会效益。

将需热喷的饲料原料经预处理后装入热喷罐内，密封后通入蒸汽，在严格控制的参数条件下维持一定的时间，再升高（或降低）至某一压力，然后骤然减（增）压喷放至捕集器内，经干燥系统进一步处理，包装即成。

目前已经试验的热喷原料有菜籽饼、棉籽饼、杂碎生牛皮、鸡粪、秸秆、酒糟等。

（1）**热喷菜籽饼、棉籽饼**　棉籽饼经热喷处理后氨基酸总量没有变化，而游离棉酚含量远低于标准规定的 0.04%，约为 0.02%；而且蛋白质分子空间结构改变而趋于疏松（疏水基团外露），水溶性降低，改善了适口性，提高了消化率，菜籽饼的体外胃蛋白酶消化率可提高 35% 以上。

（2）**热喷皮革下脚料**　制革工业下脚料（杂碎牛皮）蛋白质含量一般在 70% 左右，但属硬蛋白类，不易被动物消化利用，粗蛋白质酶解消化率仅 10% 左右。经热喷后，可使其胶蛋白超螺旋结构松散，解链成为多肽、寡肽和氨基酸，使其易被消化吸收。体外胃蛋白酶消化率达 90% 以上。

（3）**热喷鸡粪**　鸡粪中有 30% 左右的粗蛋白质，11% 以上的真蛋白质，可应用在猪的饲养中。经热喷处理后，其有机物消化率可提高 7%～12%，而且可立即除臭，彻底杀菌灭虫卵。外观呈棕黄色颗粒状，有玉米及鱼粉之香味。在肥育猪日粮中可占 5%～25%，节省饲料成本 16%～40%。

（4）**热喷酒糟**　未加工的鲜酒糟，含丰富的营养物质，但含水量高，极易霉变，无法贮存。用热喷技术可将其制成干燥至含水量低于 12% 的饲料，是鸡、猪等畜禽的良好饲料，且可改善环境。2.8 吨酒糟大约可生产 1 吨成品饲料。

热喷技术还可广泛应用于其他饲料，如秸秆、畜禽加工副产品如羽毛、血、内脏、蹄、角等，以及各种水产品的下脚料等的加工。

第四章
瘦肉型猪安全生产的建筑与设备

第一节　场址选择的基本要求

　　猪场环境要求除符合 GB/T 18407.3 和《动物防疫条件审核管理办法》的规定外，还应该达到下列要求。

　　猪场的选址和建设要符合当地政府的畜禽养殖规划。如果政府未划定养殖区和禁养区，场址应该选择在生态环境良好、无或不直接受工业"三废"及农业、城镇生活、医疗废弃物污染的生产区域内，土地充裕、地势高而干燥、背风、向阳、水源充足、水质良好、排水顺畅、污染治理和综合利用方便的地方建场。应参照国家相关标准的规定，避开水源防护区、风景名胜区、人口密集区等环境敏感区。

　　猪场场址的选择，应根据猪场性质、生产特点、生产规模、饲养管理方式及生产集约化程度等方面的实际情况，对地势、地形、土质、水源，以及居民点的位置、交通、电力、物质供应及当地气候条件等进行全面考虑。具体的选择则需要考虑多方面的因素，在现实情况下有些因素之间存在矛盾，所以，出于环境卫生要求的诸多方面条件无法同时满足时，应当考虑以下两个问题：一是哪一个因素更重要；二是是否能用可以接受的投资对不利因素加以改善。例如，一个地势低洼的地方是不宜建场的，然而该处在交通、电力、物质供应、建筑面积及与居民点的关系等诸多方面具有明显的优势时，我们应当考虑填高该地建场所花的额外投资是否可以接受。以下提出的场地选择要考虑的因素并不表示每一方面都是必须满足的，而是场地选择时有哪些主要因素会对未来猪场的生产、管理和防疫等产生影响，从而为不同的可选场地的比较提供参考或引起猪场建设和经营者对本场存在的不利条件加以重视、改善和防范，而对有利条件加以充分利用。

猪场建设要以养殖规模的大小和饲养方式来确定，猪栏的结构模式要提高土地利用率。养殖区应充分考虑周围环境对粪污的容纳能力，把养殖污染物资源化、无害化，形成与当地种植业相结合的生态种养模式。过去许多集约化猪场过多考虑运输、销售等生产成本而忽视其对环境的潜在威胁，往往将场址选择在城郊或靠近公路、河流水库等环境敏感的区域，以致造成了严重的生态环境问题，有些甚至危害到饮用水源的水质安全。最后不得不面临关闭和搬迁，造成不必要的损失。

1. 地势和地形　地势即场地的高低、走向趋势。猪场场址应选择较高的地势，且地面平坦而稍有坡度，一般以 $1\% \sim 3\%$ 坡度较为理想，最大也不得超过 25%，这样有利于场区污水、雨水的排放，减少猪场建筑时排水设施的投资，场区内湿度相对较低，病原微生物、寄生虫及蚊蝇等有害生物的繁殖和生存受到限制，猪舍环境易于控制，卫生防疫方面的费用也相对减少。要求地下水位应在 2 米以下。

避风向阳可以减少冬春风雪的侵袭，提高猪舍温度，并保持场区小气候的相对稳定。

另外，场地的优劣还与地形有很大关系。主要涉及地形的开阔与狭长，整齐与凌乱，以及面积大小 3 个方面的问题。开阔的地形有利于猪场通风、采光、施工、运输和管理，而狭长的地形不仅影响以上诸方面，边界的拉长会增大建筑物布局、卫生防疫和环境保护的难度。除此之外，场地面积（年出栏数×平方米）往往也很重要，场地过小会使建筑物间距缩小，使猪的生产安全受到各种潜在的威胁，例如通风、采光、防火、疫病隔离等方面都会受到影响。另外，设计时应该把猪场未来的发展需求面积也考虑进去。

2. 水源 水源是建设猪场必须考虑的条件之一。一个养猪场、特别是大型规模猪场，要求猪饮用水应符合 GB/T 18407.3，并保持水量充足，且便于取用和进行卫生防护，并易于净化和消毒。可供猪场选择的水源主要有两种，即地下水和地面水，一般地下水最理想。不管以何种水源作为猪场的生产用水，都必须满足两个条件：①水量充足。各类猪每头每天的总需水量与饮用量分别为种公猪 40 升和 10 升、空怀及妊娠母猪 40 升和 20 升、泌乳母猪 75 升和 20 升、断奶仔猪 5 升和 2 升、生长猪 15 升和 6 升、育肥猪 25 升和 6 升；②水质符合卫生要求。现在的水污染越来越严重，建场时必须要考虑地面水的水质，仅仅依靠自来水，会增大养猪的成本，而猪场自己解决饮用水，则应考虑水源净化消毒和水质监测的投资。另一方面，如果打井开采地下水资源，需要通过计算水需要量来决定水井的数量，从而估算所需投资。表 4-1 为畜禽饮用水中农药限量指标。

表 4-1 畜禽饮用水中农药限量指标（NY 5027—2001）（毫克/升）

项目	限值
马拉硫磷	0.25
内吸磷	0.03
甲基对硫磷	0.02
对硫磷	0.003
乐果	0.08
林丹	0.004
百菌清	0.01
甲萘威	0.05
2，4-D	0.1

3. 土质 很多地方土质一般都不被视为猪场建筑考虑的主要问题，但缺乏长远考虑而忽视土壤潜在的危险因素可能导致严

重的问题，比如场地土壤的膨胀性、承压能力对猪场建筑物利用期具有很大的影响，而土壤中可能存在的恶性传染病原对猪群的健康则具有致命的危险。选择场址时，对土壤的情况作一定的调查也是很必要的。沙土渗水性强，但土温昼夜变化很大，不利于猪的健康和种植饲料作物；黏土不易渗水，雨季潮湿、泥泞，不利于日常管理且易于滋生蚊蝇及病原微生物。而沙壤土具备沙土和黏土的优点，克服了两者的不足，是选择场址的理想土质。

4. 交通条件　大规模的养猪场在解决饲料、猪产品、废弃物和其他生产物质的运输问题方面，要求有较好的交通条件，但在防疫卫生安全和环境保护方面，又要求猪场建在较安静偏僻的地方，因此在保证交通方便的情况下，应合理确定猪场场址与交通道路的距离。根据猪场防疫和生产的经验，距离交通主干道1 000米，一般公路500米，乡村公路不少于100米可视为合理。距离居民点应在1 500米以上，离屠宰场、牲畜市场或畜产品加工厂要在5 000米以上。对于中小猪场来说，上述距离可以小一些。如果设立了防疫沟、隔离林或围墙，也可适当减少这种间距以方便运输和对外联系。

5. 社会联系　猪场与周围居民点的关系、电力供应等方面的社会联系也必须考虑。要求调查猪场生产污水的流向、臭气扩散的范围和方向及居民点可能对猪场生产造成的各种影响。猪场离居民点较近时，猪场的地势应当低于居民点的地势，以避免以后生产污水可能引起的纠纷。而臭气的影响主要与距离和风向有关，要想减少相互的不利影响，猪场与居民点保持1 500米以上的距离很有必要。同时，考虑到风向的关系，要到当地的气象部门取得风向图决定猪场的场址。此外，需要深入了解当地的供电条件，以确保今后猪场生产的正常进行。

6. 场地　应符合当地政府土地使用规划，并具备合法的使用证件；场址除交通方便外，还应取得当地政府消防管理部门认可；供电应满足生产需要，并取得当地政府供电与安全行政管理部门认可。

7. 猪场的环境与废弃物处理 养殖地应设置防止渗漏、径流、飞扬且具一定容量的专用储存设施和场所，设有粪尿污水处理设施。

（1）猪场废弃物应实行减量化、无害化和资源化原则。

（2）猪粪宜集中堆放，经微生物发酵消毒后利用。

（3）猪场的污水应经生物处理并达到 GB 18596 规定排放。

（4）猪场宜绿化，形成防护林带，减少猪场产生的有害气体对空气造成污染。

第二节　建筑要求

一、合理布局

（1）一个规划完善的工厂化猪场一般可分为 4 个功能区，即生产区、生产管理区、隔离区和生活区。场内生产区、生活区分开，生产区内料道、粪道分开。并且各功能区中间最好有树林、鱼塘、土坡等作为天然屏障。

（2）根据当地全年的主风向和流水向，将生活区建在生产区上风向，生产区从上至下各类猪舍排列依次为：公猪舍、母猪舍、哺乳猪舍、仔猪舍、育肥舍、病猪隔离舍。兽医室及病猪隔离舍、解剖室、粪便场在生产区的最下风向低处，且应距生产区150 米以上，贮粪场应距生产区 50 米以上。从上风向往下风向分布，最好采用配种、妊娠、哺乳一点，保育一点，育肥一点的三点式分布，拉开足够的距离，这样少传播疾病，即使有的猪舍发病了，也很难传播到其他猪舍。猪舍与猪舍间种植香樟、桂花、桢楠树等能净化臭气，吸尘降噪的树种。饲料加工调制间和仓库应设在各栋猪舍差不多远的适中位置，以便于生产，距离应保持 100 米以上，有条件的最好将繁育场与育肥场分开建设。

（3）根据环境状况建造围墙、壕沟或其他生物防患设施。

二、猪舍建筑考虑的因素

（1）舍顶要有一定的厚度，隔热性好。

（2）猪舍的朝向和间距必须满足日照、通风、防火和防疫要求，猪舍朝向一般为南北向、南北向偏东或偏西不超过 30°，保持猪舍纵向轴线与当地常年主导风向呈 30°～60°角，达到冬暖夏凉。各类猪舍间距应保持 50 米以上，相邻两猪舍纵墙间距一般为 7～9 米，端墙间距应保持 15～20 米的安全距离，以避免疾病感染的概率。

（3）搞好防疫卫生，场门口、生产区门口建车辆消毒池和人员进出消毒通道，车辆消毒池应与门口等宽，长度不少于出入车轮周长的 1.5 倍，深度 15～20 厘米。在生产区门口要建有专用更衣室、紫外线消毒间等。

（4）饲养密度要合理，后备母猪每头占地 1～1.2 米²、后备公猪每头占地 2.5～3.5 米²、妊娠母猪每头占地 2～2.2 米²、哺乳母猪每头占地 7.5～8.5 米²、断奶仔猪每头占地 0.3～0.4 米²、育肥猪每头占地 0.8～1.2 米²、成年公猪每头占地 6～7 米²。

（5）粪尿的处理。粪尿排放沟宜采用防漏暗沟，并与排雨水沟分开，粪污主要包括猪的粪便、尿液和舍栏冲洗水，将粪水进行固液分离再分别处理是降低处理成本、提高处理效果的最佳方案。通常要先对粪尿进行收集和分离，之后再进行粪便和污水的处理和利用。

猪粪应采用干法清粪工艺，将猪粪及时、单独清出，并及时运至专用的贮存或处理场所，经过生物发酵后，可作为有机肥料。污水应坚持种养结合的原则，经无害化处理后尽量还田，实现污水资源化利用。污水的净化处理应根据养殖方式、养殖业规模、清粪方式和当地的自然地理条件，选择合理、适用的污水净化处理工艺和技术路线，尽可能采用自然生物处理的方法，达到回用要求或排放标准。采用沼气发酵污水处理工艺的场，应固液分离，减少排污量，并对沼渣、沼液应尽可能实现综合利用，避免产生新的污染。沼渣及时清运至粪便贮存场所处理；沼液尽可能进行还田利用，不能还田利用需外排的要进行进一步净化处理，达标排放。污染物排放应严格按 GB/T 18596 和省、市地方标准执行。

第三节　猪舍的环境要求

猪舍适宜的环境条件是保证猪生产性能得以充分发挥的重要因素之一。因而，在设计和建造猪舍时，原则上要满足猪的生理需要，保证舍内适宜的温度和湿度、低含量的有害气体、足够的生活空间，尽可能使猪舍建筑的环境参数及环境管理设计达到 GB/T 17824.4 要求，从而有利于猪的健康和生产力水平的提高。

1. 温度　猪的生产力要得到充分的发挥必须有适宜的环境温度作保证。温度过高或过低都会导致猪的生产力下降，生产成本升高，甚至影响猪的健康，威胁猪的生命。生产中必须尽可能地给猪创造适宜的温度条件。做到冬季保温、夏季防暑，尤其要加强对哺乳仔猪的保温和对种猪的防暑，注意控制舍内温度稳定、减少误差。适宜温度的具体范围，决定于畜别、品种、年龄、生理阶段、饲料条件等许多因素。

夏季防暑，防止猪舍被阳光暴晒，注意遮阴和猪舍通风，可采取圈前搭凉棚或圈前栽树遮阴的方法。勤冲洗圈舍，还可在猪身上洒水或淋浴，有条件的可在圈内或运动场上设淋浴设施。还可以设专门水池，天热时让猪随时洗澡；冬季加强保温措施，关好门窗，防止寒风侵袭，适当增加饲养密度，训练猪到圈外或指定地点排泄粪便，经常打扫猪舍，保持圈内清洁干燥，可以收到防寒效果。

2. 湿度　湿度是表示空气中水汽含量的物理量。猪舍中的水汽主要有以下几个来源：①大气带入；②猪通过呼吸道及皮肤向外散发；③墙壁、地面等物体表面蒸发。如猪在舍内排粪尿、冲刷猪舍、饮水器漏水等都可使地面变潮湿，增加蒸发量。一般的封闭猪舍内空气中的水汽有 70％～75％来自动物体，10％～25％来自地面、墙壁等物体表面，10％～15％来自大气。

猪正常生长需要的适宜相对湿度为 60％～70％。湿度对猪的健康及生产力的发挥具有很大影响。空气湿度往往总是和气温共同对猪产生影响。在温度适宜的情况下，猪对湿度的适应力很强，相对湿度从 45％升到 70％或 95％时，对猪的采食量和增重速度均无不良影响。而低温高湿会使猪感到寒冷，猪体的热量很容易散发，使耗料量增加，母猪日增重减少，产仔数减少，每千克增重耗料也会增加，还容易使猪患疥螨等皮肤病、各种呼吸道疾病、各种感冒性疾患、神经痛、风湿症、关节炎、肌肉炎等；高温高湿不利于猪体散热，影响猪的食欲及繁殖性能，使猪的增重速度更慢，还可大大提高猪的死亡率。

湿度过低，空气干燥，特别是再加以高温，可使皮肤及外露的黏膜发生干裂，从而减弱皮肤和黏膜对微生物的防卫能力。北方猪舍，冬季为保持舍温、往往将门窗关闭较严，导致舍内高湿，不利于猪的健康，要妥善处理好冬季保温与防潮的关系，不应顾此失彼。

综上可见，猪舍内相对湿度应掌握在 60％～75％的范围内。舍内空气温湿度见表 4-2。

表 4-2　舍内空气温度和相对湿度

猪群类别	空气温度（℃）	相对湿度（％）
种公猪	10～25	40～80
成年母猪	10～27	40～80
哺乳母猪	16～27	50～70

猪群类别	空气温度（℃）	相对湿度（%）
哺乳仔猪	28～34	50～70
培育仔猪	16～30	50～70

3. 空气 猪舍的空气由于受猪的呼吸、生产过程及有机物的分解等因素的影响，化学成分与大气差异很大。这种差异不仅表现在氮氧和二氧化碳所占的比例有了变化，更重要的是增加了大气中没有或很少有的成分，其中主要有氨和硫化氢，还有少量甲烷和其他气体。这些气体一般由粪、尿、饲料或其他有机物分解产生。这些气体对人和猪都有直接毒害，轻者对人猪健康造成影响，重者可致猪中毒死亡，因而统称为有害气体。按照规定，猪舍内有害气体允许量为：氨气 25 毫升/米^3、硫化氢 10 毫升/米^3、二氧化碳 1 500 毫升/米^3。为了控制有害气体的超标，一要加强猪舍的通风换气，但在冬季要解决好通风换气与保温的矛盾；二要减少粪尿的蒸发，防止舍内大量堆积粪尿，可采用小排污沟、清干粪的设计；加强对猪群进行定点排粪尿训练，及时清理粪便。

4. 光照 可以调节猪的生理机能，提高舍温、消毒杀菌，便于管理和促进体内维生素 D 的合成。一般对母猪、仔猪、后备猪光照度应为 50～100 勒克斯，每日 14～18 小时，育肥舍光照强度达 40～50 勒克斯（即在每平方米猪舍内，离地面 1 米处安装 3 盏 15 瓦的红色灯泡），每日光照 8～10 时；户外运动种公猪每天应有 8～10 时、100～150 勒克斯的光照。

5. 饲养密度 指每平方米猪栏面积饲养的头数。饲养密度过低，猪舍面积将得不到充分利用，造成设备的浪费；密度过高，夏季不利于防暑，使气流降低，局部环境温度升高，冬季猪舍内湿度增高，会增加猪的咬斗次数，减少卧睡时间和采食量，日增重和饲料利用率下降，猪群也容易引起疾病，不利于生产。生产中应合理掌握饲养密度和猪群规模。

第四节 猪舍的建筑设计及常用设备

猪舍的建筑设计一是要符合猪的生物学特性，二是要便于生产和管理；三是要因地制宜降低成本。北方寒冷地区在建筑设计上主要考虑防寒保温、采光和通风换气；而在南方炎热地区，则应重点考虑防暑降温，避雨、遮阴等问题。

各类猪舍需有科学合理的饲养密度，充分利用舍内、外设施，保持舍区良好的温度、湿度和空气卫生环境。

一、猪舍的形式

1. 按屋顶形式分 分为单坡式、双坡式等。单坡式一般跨度小，结构简单，造价低，光照和通风好，适合小规模猪场。双坡式一般跨度大，双列猪舍和多列猪舍常用该形式，其保温效果好，但投资较高。

2. 按墙的结构和有无窗户分 分为开放式、半开放式和封闭式。开放式是三面有墙、一面无墙，通风透光好，不保温，造价低，注意开敞式自然通风猪舍跨度不应大于 15 米。半开放式是三面有墙、一面半截墙，保温稍优于开放式。封闭式是四面有墙，又可分为有窗和无窗两种。

3. 按猪栏排列分 分为单列式、双列式和多列式。

二、猪舍的基本结构

一列完整的猪舍，主要由墙壁、屋顶、地面、门、窗、粪尿沟、隔栏等部分构成。

1. 墙壁 要求坚固、耐用、耐酸、具有防火能力，便于清扫、消毒；同时应有良好的保温和隔热性能，以保持舍内温湿度。比较理想的墙壁为砖砌墙，要求水泥勾缝，离地 0.8～1.0 米水泥抹面，主墙壁厚在 25～30 厘米，隔墙厚度 15 厘米。

2. 屋顶 起遮挡风雨和保温作用，应具有防水、保温、承重、不透气、光滑、耐久、耐水、结构轻便的特性。较理想的屋顶为水泥预制板平板式，并加 15～20 厘米厚的土以利保温、防暑。北京瑞普有限公司的新技术产品，其屋顶采用进口新型材料，做成钢架结构支撑系统、瓦楞钢房顶板，并夹有玻璃纤维保温棉，保温效果良好。

3. 地板 地面应具备坚固、耐久、抗机械作用力，以及保温、防潮、不滑、不透水等特点，总之要求易于清洗与消毒，不积水。视饲养猪的种类可采用水泥地面、砖地面、半漏缝或全漏缝地板。地面应斜向排粪沟，坡降为 2%～3%，以利于保持地面干燥。地面基础应比墙体宽 10～15 厘米。

大多数猪舍地面采用混凝土地面，其特点坚固、耐用，容易清扫、消毒，但不利于母猪和仔猪的保温，冬天可以在上面放置木板或稻草。为克服水泥地面潮湿和传热快的缺点，最好在地面层选用导热系数低的材料，垫层可采用炉灰渣、空心砖等保温防潮材料。为了便于对粪尿干稀分流和冲洗清扫，清除粪便，保持猪栏的卫生与干燥，一般采用部分或全部漏缝地板。常用的漏缝地板材料有水泥、金属（铸铁或网状）、塑料等，选择时应考虑地板的价格与安装费的经济合理与安全性；不能过于光滑或粗糙；根据猪的不同体重来选择合适的缝隙宽度；耐久性。编织铁丝网、包塑铁丝网及塑料制品的漏缝地板对幼龄猪生长尤为有利。母猪适合混凝土、金属地板制成的板块；生长肥育猪适合混凝土制成的板块。比较理想的地板是水泥勾缝平砖式（属新技术）。其次为夯实的三合土地板，三合土要混合均匀，湿度适中，切实夯实。

4. 粪尿沟 开放式猪舍要求设在前墙外面；全封闭、半封闭（冬天扣塑棚）猪舍可设在距南墙 40 厘米处，并加盖漏缝地板。粪尿沟的宽度应根据舍内面积设计，要求至少有 30 厘米宽。漏缝地板的缝隙宽度要求不得大于 1.5 厘米。

5. 门窗 开放式猪舍运动场前墙应设有门，高 0.8～1.0 米，宽 0.8 米，要求特别结实，尤其是种猪舍；半封闭猪舍在与运动场的隔墙上开门，高 0.8～1.0 米，宽 0.6 米；全封闭猪舍仅在饲喂通道侧设门，门高 0.8～1.0 米，宽 0.6 米。通道的门高 1.8 米，宽 1.0 米。无论哪种猪舍都应设后窗。开放式、半封闭式猪舍的后窗长与高皆为 40 厘米，上框距墙顶 40 厘米；半封闭式中隔墙窗户及全封闭猪舍的前窗要尽量大，下框距地应为 1.1 米；全封闭猪舍的后墙窗户可大可小，若条件允许，可装双层玻璃。两窗间隔距离为其宽度的 1 倍。

窗户的功能在于保证畜舍的自然光照和自然通风，有助于防暑降温。种猪舍采光系数为 1∶10～12，肥育猪为 1∶12～15。

6. 猪栏 除通栏猪舍外，在一般密闭猪舍内均需建隔栏。隔栏所需要材料要就地取材，基本上有两种，砖砌墙水泥抹面及钢栅栏。纵隔栏应为固定栅栏，横隔栏可为活动栅栏，以便进行舍内面积的调节。栏高一般与圈门高相当。

7. 其他主要辅助结构 猪舍的送料道宽 1.2～1.5 米，粪道宽 1.0～1.2 米；用作饲料间、工休间和水冲式清粪贮水间的生产辅助间设在猪舍的一端，地面高出送料道 2 厘米。

三、猪舍的类型

1. 公猪舍 公猪舍一般为单列半开放式，舍内温度要求 15～20℃，风速为 0.2 米/秒，内设走廊，外有小运动场，以增加种公猪的运动量，一圈一头。

2. 空怀、妊娠母猪舍 空怀、妊娠母猪最常用的一种饲养方式是分组大栏群饲，一般每栏饲养空怀母猪 4～5 头、妊娠母猪 2～4 头。圈栏的结构有实体式、栅栏式、综合式 3 种，猪圈布置多为单走道双列式。猪圈面积一般为 $7\sim9$ 米^2，地面坡降不要大于 1/45，地表不要太光滑，以防母猪跌倒。也有用单圈饲养，一圈一头。舍温要求 $15\sim20℃$，风速为 0.2 米/秒。

3. 分娩哺育舍 舍内设有分娩栏，布置多为两列或三列式。舍内温度要求 $15\sim20℃$，风速为 0.2 米/秒。分娩栏位结构也因条件而异，有地面分娩栏和网上分娩栏。

4. 仔猪保育舍 舍内温度要求 $26\sim30℃$，风速为 0.2 米/秒。可采用网上保育栏，$1\sim2$ 窝一栏网上饲养，用自动落料食槽，自由采食。网上培育，可减少仔猪疾病的发生，有利于仔猪健康，提高仔猪成活率。

5. 生长、育肥舍和后备母猪 这三种猪舍均采用大栏地面群养方式，自由采食，其结构形式基本相同，只是在外形尺寸上因饲养头数和猪体大小的不同而有所变化。

四、猪场设施与常用设备

选择与猪场饲养规模和工艺相适应的先进的经济的设备是提高生产水平和经济效益的重要措施。但要尽量保证每个生产单元猪舍应为一独立产生产单位，单独设置安全生产设施和设备。猪场设备有：猪栏、漏缝地板、饲料供给及饲喂设备、供水及饮水设备、供热保温设备、通风降温设备、清洁消毒设备、粪便处理设备、监测仪器及运输设备等。

1. 猪栏 猪栏可以减少猪舍占地面积，便于饲养管理和改善环境。不同的猪舍应配备不同的猪栏。按结构有实体猪栏、栅栏式猪栏、母猪限位栏、高床产仔栏、高床育仔栏等。按用途有公猪栏、配种栏、妊娠栏、分娩栏、保育栏、生长育肥栏等。

（1）实体猪栏 即猪舍内圈与圈间以 $0.8\sim1.2$ 米高的实体墙相隔，优点在于可就地取材、造价低，相邻圈舍隔离，有利于防疫，缺点是不便通风和饲养管理，而且占地。适于小规模猪场。

（2）栅栏式猪栏　猪舍内圈与圈间以 0.8～1.2 米高的栅栏相隔，占地小，通风好，便于管理。缺点是耗钢材，成本高，且不利于防疫。现代化猪场多用。

（3）综合式猪栏　猪舍内圈与圈间以 0.8～1.2 米高的实体墙相隔，沿通道正面用栅栏。综合式猪栏集中了实体猪栏和栅栏式猪栏的优点，适于大小猪场。

（4）母猪单体限位栏　单体限位栏系钢管焊接而成（图 4-1），由两侧栏架和前、后门组成，前门处安装食槽和饮水器，尺寸为 2.1 米×0.6 米×0.96 米（长×宽×高）。用于空怀母猪和妊娠母猪，与群养母猪相比，便于观察发情、配种、饲养管理，但限制了母猪活动，易发生肢蹄病。适于工厂化集约化养猪。

（5）公猪栏、空怀母猪栏、配种栏　这几种猪栏一般都位于同一栋舍内，因此，面积一般都相等，栏高一般为 1.2～1.4 米，面积 7～9 米²。图 4-2 为公猪栏。

图 4-1　母猪单体限位栏

图 4-2　公猪栏

（6）妊娠栏　妊娠猪栏有两种：一种是单体栏；另一种是小群栏。单体栏由金属材料焊接而成，一般栏长 2 米，宽 0.65 米，高 1 米。小群栏的结构可以是混凝土实体结构、栏栅式或综合式结构，不同的是妊娠栏栏高一般 1～1.2 米，由于采用限制饲喂，因此，不设食槽而采用地面饲喂。面积根据每栏饲养头数而定，一般为 7～15 米²。

（7）分娩栏　分娩栏的尺寸与选用的母猪品种有关，长度一般为 2~2.2 米，宽度为 1.7~2.0 米；母猪限位栏的宽度一般为 0.6~0.65 米，高 1.0 米。仔猪活动围栏每侧的宽度一般为 0.6~0.7 米，高 0.5 米左右，栏栅间距 5 厘米。

①地面分娩栏：采用单体栏，中间部分是母猪限位架，两侧是仔猪采食、饮水、取暖等活动的地方。母猪限位架的前方是前门，前门上设有食槽和饮水器，供母猪采食、饮水，限位架后部有后门，供母猪进入及清粪操作。可在栏位后部设漏缝地板，以排除栏内的粪便和污物。

②网上分娩栏：用于母猪产仔和哺育仔猪，由底网、围栏、母猪限位架、仔猪保温箱、食槽组成（图 4-3）。底网采用由直径 5 毫米的冷拔圆钢编成的网或塑料漏缝地板，2.2 米×1.7 米（长×宽），下面附于角铁和扁铁，靠腿撑起，离地 20 厘米左右；围栏及四面的侧壁，为钢筋和钢管焊接而成，2.2 米×1.7 米×0.6 米（长×宽×高），钢筋间缝隙 5 厘米；母猪限位架为 2.2 米×0.6 米×（0.9~1.0）米（长×宽×高），位于底网中央，架前安装母猪食槽和饮水器，仔猪饮水器安装在前部或后部；仔猪保温箱 1 米×0.6 米×0.6 米（长×宽×高）。优点是占地小，便于管理，防止仔猪被压死和减少疾病。但投资高，主要由分娩栏、仔猪围栏、钢筋编织的漏缝地板网、保温箱、支腿等组成。

图 4-3　网上分娩栏

（8）仔猪培育栏　一般
采用金属编织网漏粪地板或
金属编织镀塑漏粪地板，后
者的饲养效果一般好于前
者。大、中型猪场多采用高
床网上培育栏，它是由金属
编织网漏粪地板、围栏和自
动食槽组成，漏粪地板通过
支架设在粪沟上或实体水泥
地面上，相邻两栏共用一个

图 4-4　仔猪培育栏

自动食槽，每栏设一个自动饮水器。这种保育栏能保持床面干燥
清洁，减少仔猪的发病率，是一种较理想的保育猪栏。仔猪保育
栏的栏高一般为 0.6 米，栏栅间距 5～8 厘米，面积因饲养头数不
同而不同（图 4-4）。小型猪场断奶仔猪也可采用地面饲养的方
式，但寒冷季节应在仔猪卧息处铺干净软草或将卧息处设火炕。

（9）育成、育肥栏　育成育肥栏有多种形式，其地板多为混
凝土结实地面或水泥漏缝地板条，也有采用 1/3 漏缝地板条、
2/3 混凝土结实地面的。混凝土结实地面一般有 3% 的坡度。育
成育肥栏的栏高一般为 1～1.2 米，采用栏栅式结构时，栏栅间
距 8～10 厘米。图 4-5 为育肥猪栏。

图 4-5　育肥猪栏

图 4-6　鸭嘴式猪自动饮水器

2. 饮水设备　猪用自动饮水器的种类很多，有鸭嘴式、杯式、乳头式等。由于乳头式和杯式自动饮水器的结构和性能不如鸭嘴式饮水器，所以目前普遍采用的是鸭嘴式自动饮水器。鸭嘴式猪用自动饮水器的结构见图4-6。它主要由阀体、阀芯、密封圈、回位弹簧、塞和滤网组成。

3. 饲喂设备

（1）间息添料饲槽　一般条件较差的猪场采用，分为固定饲槽、移动饲槽。一般为水泥浇注固定饲槽。设在隔墙或隔栏的下面，由走廊添料，滑向内侧，便于猪采食。饲槽一般为长形，每头猪所占饲槽的长度应根据猪的种类、年龄而定。较为规范的养猪场都不采用移动饲槽。集约化、工厂化猪场，限位饲养的妊娠母猪或泌乳母猪，其固定饲槽为金属制品，固定在限位栏上。

（2）方形自动落料饲槽　常见于集约化、工厂化的猪场。方形落料饲槽有单面式（图4-7）和双面式（图4-8）两种。单开式的一面固定在与走廊的隔栏或隔墙上，双开式则安放在两栏的隔栏或隔墙上。

图4-7　单面四孔位方形饲槽　　　　图4-8　双面两空位方形饲槽

（3）圆形自动落料饲槽　圆形自动落料饲槽（图4-9）用不锈钢制成，较为坚固耐用，底盘也可用铸铁或水泥浇注，适用于高密度、大群体生长育肥猪舍。

图 4-9　饮水饲料一体自动料槽　　　图 4-10　铸铁半圆弧饲槽

　　（4）铸铁半圆弧饲槽　用于母猪，见图 4-10；仔猪补料槽，有圆形的和方形的，见图 4-11、图 4-12。

图 4-11　仔猪塑料补料槽　　　图 4-12　镀锌板仔猪补料槽

　　4. 粪尿处理设备　随着规模化养猪的发展，环境污染问题也越来越严重，要使环境污染减少到最低限度，就必须对猪的粪尿进行无害化处理。设置化粪池对粪尿、污水等进行分离且发酵处理；对病死猪、胎衣等进行焚烧或深埋处理，防止疾病的传播。

　　粪尿清除设备与猪舍的粪沟形式有关。粪沟大体有 3 种形式：南方敞开式、半敞开式猪舍，粪沟多在舍外；有的猪舍采用舍内浅明沟或部分漏缝地板的暗粪沟；密闭式猪舍和一部分有窗式猪舍为全漏地板的暗粪沟。对应 3 种粪沟有 3 种清粪方式和设备。机械式铲粪机，适合于舍外集粪沟的形式。刮板式清粪设备，有两种形式，一种为单向闭合回转的刮粪板，适用于双列猪舍的浅明粪沟；另一种为往复式作业的刮板式清粪机，它既可用于浅明粪沟，也可用于暗粪沟。水冲除粪，粪尿污水混合进入缝隙地板下的粪沟，每天数次从沟端的水喷头放水冲洗。粪水顺粪沟流入粪便主干沟，进入地下贮粪池或用泵抽吸到地面贮粪池。

　　还有一种地面养猪的清粪工艺，即锯末垫料法，又称发酵床养猪，这种方法在我国南方一些猪场使用。发酵床养猪就是在土壤中采集出的一种微生物菌落，经过特定营养剂培养形成的白色土著微生物原种，将"原种"按一定比例掺拌锯末，以此作为猪圈的垫料。利用生猪的拱翻习性，使猪粪尿和垫料充分分解和转化，微生物以尚未消化的猪粪为食饵，繁殖滋生，除去臭味，同时繁殖生长的大量微生物又可向猪提供菌体蛋白被猪食用。

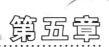

第五章

瘦肉型猪安全生产的饲养管理

第一节　种公猪的饲养管理

一、种公猪的引进

根据生产需要制订引种计划，按计划考察种猪场。要从规范的种猪场引进，这个种猪场需要具备种猪的繁殖能力和先进的育种技术，有完整的育种资料，有合理的免疫程序及免疫记录，确保引进的种猪不携带任何传染病的病原菌。另外，还应有完备的培育环境，在卫生条件不良的环境中饲养的猪可能带有种种传染病，不宜作种猪使用。

二、种公猪的饲养

1. 营养需要　种公猪的射精量比其他家畜都多，成熟的公猪每次射精量为250～500毫升；交配时间每次长达5～10分钟。交配过程对体力和营养消耗很大。精液中精子的活力和密度越高，受胎率也越高。当精子活力和密度低于正常值的50％时，会严重影响母猪受胎率，甚至造成母猪空怀。种公猪的日粮营养水平和体质健康状况是决定精液质量的两大要素。

种公猪的日粮应营养全面，适口性好，易消化，保持较高的能量和蛋白质水平，充足的钙、磷，同时满足种猪对维生素A、维生素 D、维生素 E 及微量元素的需要。这样才能保证种公猪有旺盛的性欲和良好的精液品质。日粮钙磷比以 1.5：1 为宜，日粮中缺乏钙、磷，易降低精液品质，影响配种和受胎率；缺乏维生素 A、维生素 D、维生素 E 等，会逐渐使种公猪睾丸退化萎缩，性欲减退，丧失繁殖能力。配种利用强度大时，日粮中维生素 E 不少于 25 毫克/千克，硒不能低于 0.1 毫克/千克，并要注意生物素的添加。

对于成年配种的种公猪，每天的日粮需要摄入蛋白质（如鱼粉、骨粉、玉米酒糟等）约 350 克（不能低于 16%），赖氨酸 12 克，钙 10～20 克，磷 7～9 克，胡萝卜素 7～8 毫克，适量的维生素 A、维生素 D、维生素 E。根据种公猪的不同时期及利用强度确定蛋白质水平，幼龄公猪 18%，后备公猪 16%，成年公猪非配种期不低于 14%，采精繁忙时提高到 20%。日粮中所含必需氨基酸要平衡。在配制配种期的日粮时，适当搭配 5%～10% 的动物性蛋白饲料，如优质鱼粉、肉粉等，能显著提高精液品质。必要时可在日粮中添加必需氨基酸（如赖氨酸、蛋氨酸等）以平衡饲料氨基酸。

2. 饲料配方的选择和饲料的配制　首先应考虑种公猪对各种营养成分的需要量，尤其对蛋白质饲料的需求量，然后根据当地饲料作物的种植情况选择适应于种公猪生长和生产的饲料，合理搭配，配制饲料配方。日粮配合中，要避免使用含有影响精液品质和精子活力成分的原料，如棉籽、菜籽等的饼（粕）等。

种公猪的日粮建议配比为：玉米 58%，糠麸 18%，豆粕 12%，种公猪专用预混料 12%。配种期应补饲适量的胡萝卜或优质青绿饲料，配种或采精后应加喂鸡蛋 2～3 枚。

3. 种公猪的饲料严禁发霉和有毒饲料混入　日粮中适量添加维生素 E 和维生素 C 对提高公猪精液质量有显著效果。采精频率高或炎热的夏季应适当地增加饲料中粗蛋白的水平，尤其应保证赖氨酸的供应。同时应保证脂溶性维生素 A、维生素 D、维生素 E 和矿物质等的营养供给。

4. 公猪自身的抵抗力很强，一般应尽量避免对公猪进行饲料加药，不合理的加药方案对公猪精液的活力、密度和产精量有不同程度的影响。

5. 饮水应清洁卫生，夏季最好供应低温饮水，建议饮水中加入适量的维生素 C 和维生素 E，对防暑降温和改善精液品质均有一定的效果。

6. 饲喂方法　种公猪要单栏饲养，采用限制喂养，控制体重在 150～200kg。一般后备公猪日喂量 1.5～2 千克，成年公猪非配种期每天 2.5 千克，配种期每天 3 千克，每周集中同期发情，配种任务较重的情况下可适当加料，添加料量为 0.5kg/头；冬天由于寒冷，为了维持猪体耗热所需，也应适当增加饲料量。生产实践中，饲喂量要根据公猪的体况、肥瘦、采精频率以及气候条件灵活掌握，防止投喂量过大形成草腹，影响采精配种。

不宜喂过多的青粗饲料，一般喂量应控制在占日粮构成的 10% 左右（按风干物质算），避免腹围增大，腹部下垂，影响成年时的配种能力。还要切忌用完全由碳水化合物饲料组成的日粮饲喂公猪，以免公猪肥胖引起的体质虚弱，生殖机能衰退，严重时，会完全丧失生殖能力。

7. 饲料的饲喂形式　提倡生料湿拌，即 1 份饲料加 1～3 份水拌匀呈半湿状，分早晚 2 次饲喂，喂后，再给充足的饮水。

三、种公猪的管理

1. 种公猪的配备头数　养猪场种公猪的配备头数，要看猪场基础母猪群大小和配种制度而定，通常每 20～30 头基础母猪，配备 1 头种公猪即可满足生产需求。根据猪场年生产计划和种公猪群结构，通过公猪的繁殖性能、遗传优良及肢蹄状况做好种公猪的淘汰和补充工作，以确保配种任务顺利完成。

2. 配种前调教　生后 7 月龄，体重超过 100 千克的公猪，就可以开始进行配种调教。调教方法有观摩法、发情母猪诱导法以及分泌物刺激法等。调教初期，应选用个体适当、性情温顺、发情好的 6～7 月龄的待配母猪进行调教。要避免使用未发情母猪或性情暴烈的母猪，也不宜用个体过大的母猪调教，以免后备公猪产生母猪恐惧症，使公猪在以后的生产中无法使用。

3. 日常管理规律化，建立良好的生活制度　种公猪的饲喂、饮水、采精或配种、运动、刷拭及休息等各项作业都应在固定的时间内进行，使公猪养成良好的生活习惯，增进健康，提高配种能力。另外，管理人员以及工作场所都不应随意变换。

4. 清洁刷拭和修蹄，做好疾病防治工作　饲养员应及时清理粪便，合理组织通风，定时灭蚊蝇和防鼠，保持栏舍清洁，食槽、用具定期清洗消毒，做到一餐一扫、半月一冲洗、一月一消毒，同时加强粪便管理，防止内外寄生虫侵袭。对种公猪最好每天定时刷拭 1～2 次，夏天配合淋浴，以减少皮肤病和外寄生虫病的发生，保持体表清洁卫生，促进血液循环，达到人畜亲和；同时要修整不良的蹄形，以免在交配时擦伤母猪。

后备公猪应做好乙脑和细小病毒疫苗的接种工作，成年公猪抓好两次普防和季防月补，及时注射猪瘟、猪口蹄疫苗、猪丹毒等疫苗，并应分期预防接种。同时要定期驱虫、适当修蹄。对体内寄生虫可用盐酸左旋咪唑等药物驱虫，要求每季度进行一次。特别要防止疥螨，可用 0.5% 的林丹乳油或 2% 的敌百虫溶液喷洒猪体，严重时可用虫克星 4 毫升/头。

后备公猪的免疫程序如下：后备公猪免疫谱与免疫程序同后备母猪，以后每隔半年接种 1 次猪瘟疫苗、伪狂犬病疫苗，每隔 4 个月接种 1 次口蹄疫疫苗。如有必要，可于每年蚊虫活动前 1 个月接种乙型脑炎疫苗。

5. 加强运动，锻炼肢蹄　自由运动和驱赶运动可以促进血液循环、促进食欲、增强体质、健全肢蹄、提高性欲和精液品质，还可以避免公猪肥胖。一般在公猪舍南面设运动场，供种公猪日常自由运动和日光浴。工厂化养猪条件下，公猪舍往往不设运动场，但也必须每天沿走道驱赶运动 1 千米左右。有放牧条件的猪场，可用放牧代替运动。夏季应在早晚进行运动，冬天在中午进行。配种期要适度运动，非配种期和配种准备期要加强运动。

6. 剪切犬齿　公猪的犬齿生长很快，因尖端锐利，极易伤害管理人员和母猪，所以要请兽医定期剪除。

7. 定期检查精液品质和称量体重　精液品质好坏直接影响受胎率和产仔数。而公猪的精液品质并不恒定，会因品种、个体、饲养管理条件、健康状况和授精次数等因素发生变化。配种开始后，应隔 1～1.5 个月对每头种公猪的精液品质进行检查，着重检查精子的数量、活力（0.8 以上适宜），从中发现问题，分析原因，以便及时采取改进措施。同时，公猪应定期称重，然后根据体重变化情况检查饲料是否适当，以便及时调整日粮。正在生长的幼年公猪，体重要不断增加，但不宜过肥。成年公猪体重应无太大变化，且经常保持中上等膘情。

8. 创造适宜的温度　成年种公猪舍适宜的温度为 18～20℃。冬季猪舍要防寒保温，以减少饲料的消耗和疾病的发生。但公猪对寒冷的适应性比耐热性要强，夏季高温时，公猪个体大，皮下脂肪较厚，加之汗腺不发达，轻者食欲下降、性欲降低，重者精液品质下降，甚至会中暑死亡，要做好防暑降温。当环境温度高于 33℃时，公猪深部体温超过 40℃（正常体温为 39℃）时，就会导致睾丸温度升高，影响精子生成；附睾中发育的精子就会受到伤害，精子活力降低，畸形精子数增加，活精子数明显减少。高温还会影响种公猪性兴奋和性欲，造成配种障碍或不配种。所以夏季炎热时要每天冲洗公猪，必要时要采用机械通风、喷雾降温、地面洒水和猪舍周围植树遮阳等措施，给公猪创造一个舒适的生活条件，并且配种工作应在早晨或晚上温度较低时进行，以增强其配种能力。

9. 创造适宜的湿度　保持在 60％～75％为宜。

10. 良好的光照　良好的光照条件不仅可促进公猪正常的生长发育，还可提高繁殖力和抗病力，并能改善精液品质。种公猪每天要有 8～10 小时的光照。

11. 分群，单圈饲养　种公猪饲养方式有单圈饲养和小群饲养两种。单圈喂养的公猪较安宁，外界的干扰较少，食欲正常，杜绝了爬跨和自淫的恶习。小群饲养多 3 头一圈，可充分利用圈舍，节省人力，便于管理，但合群饲养，往往引起相互间咬架，利用年限较短。

12. 建立种公猪档案　对种公猪的来源、品种（系）、父母耳号和选择指数、个体生长情况、精液检查结果、繁殖性能测验结果（包括授精成绩、后裔测验成绩）等项应有相应卡片记录在案。如实现计算机管理，应及时将相关资料输入存档。

四、种公猪的合理利用

配种是饲养种公猪的唯一目的，也是决定它对营养和运动要求量的主要依据。公猪精液品质的优劣和使用年限的长短，不仅与饲养管理有关，而且很大程度上取决于初配年龄和利用强度。

1. 掌握初配年龄　最适宜的配种月龄，一般是以品种、年龄和体重来确定，小型早熟品种应在 8～10 月龄，体重 60～70 千克；大中型品种应在 10～12 月龄，体重 90～120 千克，占成年体重的 50％～60％开始初配较好。达到配种月龄时，经调教后可参加配种。过早使用，既影响其生长发育，缩短使用年限，同时又可造成其后代头数减少且身体虚弱，生长缓慢，也不利于育肥。因此，掌握种公猪的初配年龄，对提高其利用率非常重要。

2. 控制利用强度　公猪配种利用过度，会显著降低精液品质，影响受胎率，造成种公猪早衰；长期不配种，会导致性欲不旺，精液品质差，往往造成母猪不受胎。青年公猪最好1周使用2次左右，每月配种10次左右；成年公猪最好隔天配种1次或每天配种1次，每月配种20次左右；必要时可以日配两次，但不能天天如此。如配一次宜在早饲后1～2小时进行；日配两次，应早晚各1次。如公猪每天连续配种，3～5天后应休息1天。

另外，配种时应注意：①配种应在早上饲喂前或喂食后1小时左右进行。②配种后不能立即赶公猪下水洗澡或让公猪卧在潮湿的地方。③对性欲特别强的公猪，要防止自淫现象。

3. 注意提高全场公猪群的利用效率，进行正常的淘汰更新　种公猪的最佳使用年限为3～4年，年淘汰更新30%～40%。随年龄的增加其精液品质显著下降，生产中要对老年公猪予以及时更新和淘汰，以保证公猪群的最大生产能力。

实际生产中，由于存在着种公猪与配种母猪间的体型差异，故在配种时，要注意采用人工授精或选择带有坡度的地势以及利用配种架等办法辅助交配，以提高不同体型公猪的利用率。

五、种公猪饲养管理中的常见问题

1. 公猪的自淫　性成熟早和性欲旺盛的公猪，最易养成自淫的恶癖。有的互相爬跨射精，有的抱着食槽射精，有的爬在墙头上射精，常造成阴茎损伤，时间一长，则会造成体质虚弱，性早衰，甚至失去种用价值。

公猪自淫，大多是由于管理不当，公猪受到不正常性刺激所引起的。如把母猪赶到公猪圈附近去配种，就会刺激其他公猪的性欲，造成自动射精；又如，发情母猪偷跑到公猪圈门口去逗引公猪，公母猪隔墙相望，不能使公猪达到交配的目的，待性欲冲动后，便能引起公猪射精。类似情况只要经过几次，公猪就可能形成自淫的恶癖。

防止公猪自淫的关键是杜绝对公猪不正常的性刺激，生产中应注意做好以下几方面的工作：①公猪圈应建在母猪圈的上风方向，且要间隔一定的距离。②防止发情母猪出来逗引公猪。③不要把母猪赶到公猪圈附近去配种。④对公猪实行专栏饲养、一栏一猪，避免互相爬跨。⑤对单圈喂养、合群运动的公猪，在交配后一定要让其身上发情母猪气味消失后才能合群。⑥建立合理的饲养管理制度，做到生活规律化。

2. 公猪尿血 公猪配种过早，生殖器官发育不全，或配种强度过大，阴茎过度摩擦，微血管出血或采精时造成擦伤，患有疾病，都会造成公猪尿血。发现公猪尿血后，应马上停止配种，注射维生素 K，并用 20％的硼酸水洗净治疗。在此期间要注意多喂些营养丰富的饲料，如蛋白质丰富的饼类、鱼粉、鸡蛋和含维生素较多的青绿多汁饲料。待恢复健康后，一定要严格控制配种强度，防止旧病复发，否则会使公猪失去利用价值。

3. 公猪性欲减退或缺乏 个别公猪有时对发情母猪丝毫不感兴趣，没有爬跨交配的欲望。造成性欲缺乏的原因多半是睾丸分泌的雄性激素减少。从营养角度来说，公猪过肥或过瘦，蛋白质水平低，维生素 A、维生素 D_3 不足，均能引起公猪性欲减退；从管理角度讲，公猪运动不足或过量、配种过频、猪舍阴暗缺乏阳光、天气炎热而无降温措施等，都会使公猪性欲减退。

针对以上情况，对太肥的公猪，可采取降低日粮能量水平、控制喂量、每顿只喂 8～9 成饱、加强运动等措施来解决。对太瘦的公猪，可通过改善营养，适当增加一些饼类、动物性饲料和维生素丰富的青绿多汁饲料，多晒太阳，减轻配种强度，治疗寄生虫病或其他疾病来补救。对无性欲的公猪，可注射绒毛膜促性腺激素 1 000～2 000 国际单位或丙酸睾丸素 3～5 毫升或甲基睾丸酮 30～50 毫升隔天注射，促进雄性激素的分泌，然后再使之接近母猪，大多数公猪都会恢复爬跨现象。炎热的夏季，必须做好种公猪的防暑降温工作。

4. 公猪发热　当公猪体温升高到 40℃时，应马上停止配种，并让其休息 3 周左右再配种；高烧到 40℃以上，治愈后还要休息 1 个月才能配种。

5. 公猪打架　公猪好斗，尤其是不在一起饲喂的公猪见面就会打架，最后都是两败俱伤，如正值配种季节，将直接影响配种任务的完成。如遇公猪打架，可用大块木板将两头公猪隔开，再分头赶走；或点火置于两头打架公猪之间，公猪受惊后也会分开；或用高压水龙头冲公猪的眼部或用塑料把公猪蒙起来隔离，必要时可驱赶发情母猪把公猪引走，切勿用棍棒打。重要的是，平时要做好预防工作，公猪圈的墙头要高而坚固，栏门要严密结实，运动、配种时要避免两头公猪相遇，如采取公猪合群驱赶运动，一定要从小就进行调教。防止公猪咬架、伤人最根本的办法是在仔猪时就去掉犬齿。

6. 阴囊炎、睾丸炎　如发现公猪睾丸肿胀、疼痛、潮红及硬结，体温超过 40℃以上时，就可初步诊断为阴囊炎或睾丸炎。

阴囊炎的发生，多系打撞引起血肿、水肿而引起，多数病例为一侧性发生。阴囊发炎体温升高，可影响精子生成。睾丸炎的致病因素，除创伤外，夏季的高温及高烧以及鼻疽、布鲁氏菌、腺疫、放线菌等传染病也能并发本病。

治疗：①抗生素或磺胺药控制治疗。②局部用明矾或醋酸清洗，涂鱼石脂、樟脑软膏。③阴囊精索根部用 0.5% 盐酸普鲁卡因 40 毫升作封闭。④中药方剂：黄柏 30 克、酒知母 30 克、楝干 20 克、小茴香 30 克（盐炒）、苍术 13 克、木香 15 克、香附子 15 克，煮酒 100～150 毫升，混合研细末拌料或开水冲服。⑤阴囊发生红肿热痛，体温超过 40℃连续不降者，可首先对阴囊进行冷敷，涂以鱼石脂软膏或水银软膏，然后再将抗生素、蛋白质分解酶注入阴囊。如治疗及时，数月后可恢复生殖机能。

第二节　待配母猪的饲养管理

配种前母猪也叫空怀母猪。配种前母猪的配种可分为两类，一类是后备母猪第一次参加配种，另一类是经产母猪的配种。待配母猪饲养管理的中心任务是保持正常的种用体况（不肥不瘦）、七八成膘，能正常发情、排卵，并能及时配上种。

一、配种前母猪的饲养

配种前母猪饲养首先应注意饲粮的全价性，根据母猪的膘情看膘饲喂。应按空怀母猪的饲养标准配制饲料，充分满足母猪对蛋白质、维生素、矿物质等营养及能量的需要，饲料应尽量多样化。对选作种用的 80 千克后备母猪，改用种母猪的配合饲料。饲喂方法由自由采食改为限量采食，以防过肥。每天每头的喂料量随季节和品种不同而不同，春季到秋季的喂料标准大致是：丹麦长白 2.5 千克，大约克夏 2.3 千克，汉普夏、杜洛克 2 千克，二元母猪 2.3 千克；冬季适当增加，当猪舍温度低于 5℃时，饲料量可增加 10%左右，日喂 3 次，保证充足的饮水。

7～8 月龄、体重 120 千克左右时，发情表现正常，若准备下次发情配种，在配种前半个月将喂料量增加 16%，进行短期优饲以利于发情，增加排卵数，达到增产仔猪的效果。

营养需要上，应特别重视蛋白质的供给，一般要求日粮中粗蛋白质占 12%。蛋白质供应不足会影响卵子的正常发育，并使排卵数减少。蛋白质品质差也会降低受胎率，甚至不孕。矿物质营养上，钙的供给不足会造成不易受胎或不孕，产仔数减少或产弱仔多。母猪一般很少感到缺磷。在日粮中应供给钙 15 克、磷 10 克、食盐 15 克。维生素 A、维生素 D、维生素 E 对母猪的繁殖意义很大。日粮中维生素 A 不足，会降低性机能的活动，还会影响卵泡成熟，使受精卵难于着床，引起不孕，使断奶后母猪发情延迟。倘若伴随维生素 D 缺乏，则会使上述不良后果加剧。维生素 E 缺乏会造成不育。维生素 B_{12}、胆碱等对母猪的繁殖性能亦有影响。母猪不缺乏青绿饲料时，一般不易缺乏维生素，但在冬季和早春缺乏青饲料时，需添加复合维生素予以补充。特别是在集约化养猪生产中更应注意补充。在日粮中维生素应于每千克日粮中供给维生素 A 4 000 国际单位，维生素 D280 国际单位，维生素 E11 毫克。

根据母猪配种准备期的营养需要特点，在日粮中供给大量的青绿饲料和多汁饲料是很适宜的，这类饲料富含蛋白质、矿物质和维生素，对排卵数量、卵子质量、排卵的一致性和受精都有益处。每天每头应饲喂 4～5 千克多汁饲料或 5～10 千克青饲料，1.9～2.4 千克混合精料。

对于断奶后的经产母猪，要根据膘情进行饲喂，一般是配种前平均每头每天 2.5 千克。而对那些膘情较差的母猪，可以采取"短期优饲"的措施，即在短期内（5～7 天）提高日粮能量水平，在维持基础上提高 50%～100%，增加精料喂量，使其尽快恢复体况，以利继续配种和连续利用，提高母猪生产效率。

二、待配母猪的管理

1. 防疫驱虫　后备母猪进场后，于第二周补防注射猪瘟、猪丹毒、猪肺疫疫苗。7～14 天注射伪狂犬疫苗。配种前 4 周左右注射乙型脑炎和细小病毒疫苗，预防死胎和木乃伊胎发生。使用阿维菌素驱除体内外寄生虫，后备母猪于配种前 10～15 天和分娩前 10～15 天各驱虫一次，经产母猪分娩前 10～15 天驱虫一次。剂量按每千克体重，粉剂 0.3～0.4 毫克拌料、针剂 0.3～0.4 毫克皮下注射。产前 1 月内母猪注射红痢、黄白痢疫苗，以防产后仔猪下痢等。

2. 初配年龄 早配常出现产仔少，死产多，仔猪初生重小、体质弱、生长慢等现象，母猪本身也有生长发育不良、未老先衰和种用期短等现象；太晚配种又会造成经济上的损失。初配母猪的适宜配种时期取决于后备母猪的发育状况。生产中，主要看两项指标：一是月龄；二是体重。瘦肉型母猪的初配时间一般在出生后 7～8 月龄，体重达到 120 千克左右时开始配种为宜。

3. 促进发情 将达到标准的后备母猪调换猪栏，改编成小群饲养，进行配种繁殖。对个别不发情的后备母猪，可将其与成年公猪同圈饲养，通过公猪的气味和追逐爬跨，促使发情。断奶母猪的膘情是决定断奶母猪能否正常发情的关键。为使母猪断奶后膘情不至于下降过快，要在哺乳期间，给母猪饲喂营养丰富的优质饲料，保证哺乳母猪充足的营养，有条件的可实行早期断奶。

母猪断奶后，可将 2～5 头关在 1 个栏内，2 天后，每天早晚用成年公猪接近母猪各 20 分钟左右，诱使母猪发情。一般情况下，断奶后 4～8 天，有 80%～90% 的母猪发情并可以配种。若不用公猪诱情，单圈或大群饲养的母猪仅有 50% 左右能够发情。

4. 做好发情记录 要准确记录后备母猪第一、第二次发情状况，对不能正常发情的母猪，要进行检查治疗或药物催情，对治疗、催情无效的母猪及早淘汰。

5. 加强营养 对那些膘情偏瘦的待配母猪，要在配种前 2 周增加饲喂量［3～3.5 千克/（头·天）］，以促其发情，提高发情排卵数，提高配种受胎率。

6. 加强环境控制 加强卫生管理，保持猪舍清洁干燥，减少猪只发病率。改善猪舍设施，保持温度稳定，舍内温度最好控制在 15～25℃，过高过低均会对繁殖性能产生不利影响，相对湿度 60%～80%。

另外，对外地引进的种母猪应先冲洗猪体，全身消毒，隔离观察 7～10 天，确认无病情时，方可转入本场母猪群，以防将疫病带入本场猪群。经过长途运输的母猪，最好经过 8～12 小时的休息，对环境适应后再进行饲喂。

7. 把握时机，适时配种　待母猪发情征状明显（允许公猪爬跨或人工测试站立不动或见到公猪不走动）之后 12 小时是最佳配种时间，配种 8～12 小时后再复配 1 次。生产中，一般早上有静立反应时，于当天下午配种 1 次，次日早上再配种 1 次；下午母猪有静立反应时，于次日早上配种 1 次，次日下午再配 1 次，这样能取得较好配种效果和获得较高产仔数。如果配种前，用促排 3 号处理母猪，则能促进卵子成熟和集中排出，配种效果更佳。

以上措施，可提高待配母猪的繁殖性能，提高母猪群体及个体生产能力。

三、母猪的发情、排卵与不发情处理

1. 发情　母猪的发情周期为 18～24 天，平均为 21 天。1 个发情周期内，有发情前期、发情旺期、发情后期和休情期 4 个阶段。母猪的发情期因个体的不同而异，最短的只有 1 天，最长的6～7 天，一般为 3～4 天。青年母猪的发情期较经产母猪短。发情时，外部体态发生变化，同时内部卵巢排出卵子。如果只有外部体态的变化而没有卵子排出，则属于假发情。

2. 排卵　排卵发生在母猪发情的中后期，一般在发情开始后 24～48 小时，排卵高峰是在发情后的 36 小时左右。排卵一般持续 10～15 小时或更长时间，卵子只能保持 8～10 小时的时间有受精能力。掌握适时配种才能提高母猪受胎率和增加产仔数。

排卵与年龄的关系：一般认为母猪初情期后，第二个发情期比第一个发情期增加 1～2 个卵子，第三个发情期比第二个发情期增加 1~1.5 个卵子。所以，青年母猪第三个发情期后再配种，可提高产仔数 2~3 头。

营养与排卵的关系：有人研究了采食量对初情期和排卵率的影响，发现限量饲养的小母猪初情期推迟，排卵数较少；而不限量饲养的小母猪初情期比前者提前约 20 天，排卵数增加了 3 个左右。对配种前的母猪增加营养，可在短期内改善其膘情，增加排卵率，提高繁殖效果。对限制饲养或瘦弱的母猪，要进行配种前补饲催情，如平时每头每日饲喂 1.4~1.8 千克日粮，催情补饲期间可每头每日喂给 2.7~3.2 千克日粮，每头每增加喂料量 1.5 千克左右。催情补饲最适宜的时间是在发情前的 11~14 天。原因是这些"额外"的饲料对刺激内分泌系统和提高繁殖系统活性有明显的作用。

3. 母猪不发情的原因及处理办法

（1）不发情的原因　①遗传因素。如雌雄嵌合体，即从外表看是母猪，有阴蒂、阴唇和阴门，但腹腔内无卵巢却有睾丸；阴道管道形成不完全；子宫颈闭锁或子宫发育不全等。在生产中，这些生殖器官缺陷一般难以发现，所以实际生产中因繁殖障碍不发情，但作为肥育猪是可行的。②营养不良。母猪过瘦或长期缺乏某种营养，例如能量、蛋白质、维生素和矿物质等摄取不足，内分泌异常，导致不发情。③气温与光照不足。高温、高湿天气及阴暗栏舍，采光度差，会致使后备母猪不发情。④缺乏运动及公猪刺激少，长期后备母猪圈养及不接触公猪，影响其内分泌功能，也会致使发情受阻。⑤饲料原料霉变。对母猪正常发情影响最大的是玉米霉菌毒素，尤其是玉米赤霉烯酮，此种毒素分子结构与雌激素相似，母猪摄入含有这种毒素的饲料后，其正常的内分泌功能将被打乱，导致发情不正常或排卵抑制。⑥疾病和病理原因。由布鲁氏菌病或其他原因引起的生殖系统的炎症，如部分黄体化及非黄体化的卵泡囊肿；繁殖障碍性疾病如猪瘟、蓝耳病、伪狂犬病、细小病毒病、乙脑病毒病和附红细胞体病等均会使母猪不发情。⑦母猪营养过剩。体型过度肥胖，卵巢脂肪化，也影响发情。

（2）处理措施 除遗传上的原因需淘汰外，其他的应视具体情况采取相应的措施。

①营养调节：对不发情的猪，不管膘情如何，首先考虑的应是营养因素，如果体况差，消瘦，皮毛成色不好，应以补充全价料为主，维生素、矿物质、蛋白质及能量都应满足；如果体况正常，则以调整维生素、矿物质为主，注意增加维生素 A、维生素 D 和维生素 E；如果母猪过肥，应考虑减少能量饲料，增加青绿饲料、块根饲料，如青草、胡萝卜等，调整微量元素用量。

②母猪诱导：将不发情、正在发情和即将发情的母猪放在同栏饲养，发情母猪的行为、唾液、尿液等都会对不发情的母猪产生影响。

③公猪刺激：为了促进母猪发情排卵，可用公猪追逐久不发情的母猪，也可将公、母猪临时圈在一起，公猪的尿液、唾液以及行为等将会影响母猪，刺激其发情排卵。

④人工诱导：将久不发情的母猪放在阳光充足、宽敞明亮的圈舍，结合每天的管理，实施如下措施：每天固定专人管理，定时压背，每日 2 次，每次 5～10 分钟；结合饲喂、清扫，定时按摩乳房，一般在饲喂后 30 分钟进行。让母猪侧卧，用手掌反复用力按摩，每日 1 次，每次 10 分钟，连续数日，一般可刺激其发情。

⑤中药治疗：可以购买市售的催情中成药，如催情散等，按说明书使用。

⑥激素使用：肌内注射孕马血清，每日 1 次，每次 1 000 国际单位，连续 2～3 天；或肌内注射绒毛膜促性腺激素，一次注射 1 000 国际单位。使用激素以后仍不发情的母猪应予以淘汰。

第三节　妊娠母猪的饲养管理

　　母猪从妊娠至分娩结束的整个过程是妊娠阶段。此期饲养管理的基本任务是保证胚胎着床，胎儿正常发育，减少死胎、流产；提高仔猪初生重和成活率；确保新生仔猪的活力（母猪妊娠期胚胎死亡率见表 5-1），减少仔猪黄白痢的发生；保持母猪中上等膘情（七八成膘），预防母猪无乳症、乳房炎和子宫炎，为哺乳期泌乳做好准备；延长母猪使用年限，提高繁殖力。满足青年母猪自身生长发育的营养需要。母猪妊娠期为一般为 112～116 天（平均 114 天）。

表 5-1　生殖各阶段典型的胚胎死亡情况

生殖阶段	数　目
排出的卵子	17.0
受精的卵子	16.2
妊娠 25 天的胚胎	12.3
妊娠 50 天的胚胎	11.2
妊娠 75 天的胚胎	10.4
妊娠 100 天的胚胎	9.8
分娩的活仔猪	9.4
每窝断奶的猪	8

一、妊娠母猪的饲养

　　妊娠母猪的日粮必须具有一定体积，即含有一定量的青粗饲料，使母猪吃后有饱感，也不会压迫胎儿。更重要的是，青粗饲料所提供的氨基酸、维生素与微量元素很丰富，有利于胚胎的发育。同时，青粗饲料可防止母猪的卵巢、子宫、乳房发生脂肪浸润，有利于提高母猪的繁殖力与泌乳力。适当增加轻泻性饲料如麸皮，可防止发生便秘和食滞，引起难产，或使一部分胎儿死亡，或使分娩后泌乳恶化等。但妊娠 3 个月后，就应该限制青粗饲料的给量。否则，压迫胎儿容易引起流产。

1. 妊娠期间母体和胎儿的变化　母猪妊娠后性情温驯，食欲增强，新陈代谢旺盛，饲料利用率提高，蛋白质的合成增强，毛皮呈现出光泽。妊娠期不仅胎儿要生长发育，母体本身也要增重，青年母猪本身还要生长发育。妊娠期胎儿发育具有一定的规律，前期胎儿发育缓慢，主要形成胚胎的组织器官，母猪增重较快；后期胎儿增重较快，初生仔猪重量的 $70\%\sim80\%$ 在此阶段完成，胎盘、子宫及其内容物也在不断增长，母猪消化系统受到挤压，采食量增加不多，母猪增重减慢。同时，乳腺细胞也是在妊娠后期形成的。胎儿发育规律可见表 5-2。

表 5-2　胚胎体重和个体的变化规律

胎儿日龄（天）	30	60	90	110
长度（厘米）	2.51	11.43	22.09	27.94
重量（克）	1.70	93.55	680.40	1 389.15

生产实践中应根据这些特点来调整妊娠母猪的营养和饲养管理。妊娠期母猪营养不良，胎儿发育不好；营养过剩，腹腔沉积脂肪过多，容易发生死胎或产出弱仔。对母猪采取低妊娠高泌乳的饲养体制，即妊娠期充分利用母猪新陈代谢旺盛的特点，只保证供给胎儿所需和母猪适当增加体重的营养物质，适量饲喂，控制精料的喂量，哺乳期充分饲养，满足母猪精料的需要，争取多产奶，提高仔猪的哺育成活率。该体制节约饲料，还有利于分娩和泌乳。

2. 饲养方式的选择

（1）抓两头顾中间　这种方式用于断奶后身体比较瘦弱的经产母猪。由于上一胎体力消耗大，在新的怀孕初期，就应加强营养，使体质恢复到一定水平。

(2) 步步高　这种方式适用于初产母猪和哺乳期间配种的母猪。因为初产母猪本身还处于生长发育阶段，哺乳期间配种的母猪生产任务繁重，营养需要量大。

(3) 前粗后精　这种方式适合于体况良好的经产母猪。前期以青饲料为主，并根据饲养标准进行饲喂。怀孕后期，胎儿发育迅速，应增加精料喂量。

3. 妊娠前期的饲养（妊娠 80 天内）　妊娠前期，母体增重和胎儿发育的速度都较缓慢，降低精料水平并不影响胎儿生长发育，并可把节省下来的部分精料用在妊娠后期和哺乳期。妊娠前期每 100 千克体重喂给 1.5 千克配合饲料（1 千克用于维持，0.5 千克用于增重）。每千克饲料中应含 11 兆焦消化能，粗蛋白质占 15%，骨粉 2%，食盐 0.5%，胡萝卜素 7~8 毫克。

妊娠前期喂过多的精料，大部分会转化为母体增重，不仅不利于胎儿发育，而且母猪养得过肥，会引起胎儿死亡，使产仔数减少。因此，过量喂料有害无益。

妊娠初期头 40 天，由于胚胎尚未在子宫里着床，易因跌倒、打架、饲料及环境突然变化等诱发胚胎损失，所以应尽量减少此时期各种应激因素，保持母猪原圈原饲养方式饲养。

4. 妊娠后期的饲养（妊娠 80~100 天）　为了满足妊娠后期胎儿的迅速生长发育和母体的迅速增重，需要增加饲料的喂量，加强母猪营养，每 100 千克体重喂给 2 千克饲料（1 千克用于维持，1 千克用于增重和胎儿生长）。每千克饲料中含 13 兆焦消化能，粗蛋白质占 16%~18%，骨粉 4%，食盐 0.5%，胡萝卜素 7~8 毫克。如果喂量不足，不仅胎儿发育不良、不整齐，生下来的仔猪显得很弱、育成率下降，同时也会给母猪今后的连产性带来不良影响。根据母猪个体情况酌情考虑，应对瘦弱的母猪多加些饲料。特别在产前后各 1 周在哺乳料中添加药物保健，如金霉素 300 克/吨，有利于减少母猪乳房炎和提高仔猪免疫力。

营养方面，要注意钙、磷和维生素 A、维生素 D、维生素 E 及 B 族维生素、微量元素等不要缺乏，可防止流产、化胎、木乃伊、死胎和畸形仔猪的出现。同时，蛋白质要给予氨基酸搭配合理的优质鱼粉等。另外，为了缓解胎儿急速生长给肠胃造成的压力，促进肠胃蠕动，每天应尽量喂一些青绿饲料。

二、妊娠母猪的管理

根据胎儿发育规律及母体的生理特点，当母猪配上种后，应对其加强如下管理。

（1）妊娠 1～12 周的母猪，要使其保持中等膘情，体质健壮；妊娠 13～16 周的母猪，要有中上等膘情，乳房要有充分的发育；妊娠后期要在前期的基础上，增加每天饲喂的次数以增加饲料喂养量，以保证胎儿后期发育有充分的营养供应，但也不可使母猪过肥。

（2）喂料时间要固定，不能随便更换饲料，坚决杜绝饲喂发霉、变质、冰冻和有毒性或有强烈刺激性的饲料，否则会引起流产。料槽要勤洗，饮水要勤换。对集约化禁闭栏猪舍，应将饲料投放在食槽内，不能把料直接投放在水里，以防其发酵变质。

（3）整个妊娠期内，要注意保持卫生清洁，定期消毒，并对分娩前 21 天的妊娠母猪，分别肌内注射大肠杆菌 K88、K89 基因工程苗和仔猪红痢疫苗 1.5 头份，目的是控制仔猪黄白痢和传染性仔猪红痢的发生。

（4）妊娠期内饮水要充足，温度控制在 16～22℃。特别是夏季，妊娠前 3 周，应保持绝对的凉爽。空气要新鲜，地面要干燥，相对湿度为 60%～75%。

（5）进行新老母猪混合饲养，或用本场少许粪便饲喂新孕母猪，使其尽快产生场内应有的抗体。

（6）对转入产房的妊娠母猪所空栏位，要彻底冲洗、消毒，并加以维修。每周所进的孕猪，要按配种时间的先后顺序，依次排列，这样更有利于妊娠鉴定和饲喂。

（7）未经消毒、更衣、换鞋，任何人不得进入妊娠舍，门口要定期更换生石灰，保证隔离和防疫措施的落实。

（8）妊娠母猪转群跨越尿沟、门栏时，动作要慢，防止拥挤、急转弯，防止在光滑泥泞的道路上运动，严禁对孕猪惊吓和鞭打。

（9）临产前1周，在妊娠母猪空腹时，进行体表清洗、消毒（用易克林）、驱虫，特别应注意临产时用0.1％高锰酸钾水溶液或2％～5％的来苏儿对母猪的腹部乳头及阴户的清洁和消毒，小心将其赶入已准备好的产栏内，防止细菌感染，以防止乳房炎和子宫炎的发生。到栏后应给以少量湿拌料，并加入抗应激添加剂饲喂；分娩前一天减料至1.5千克，产仔当天可不喂饲料，只喂少量加盐麸皮水，可减少仔猪黄痢的发生。

（10）母猪怀孕中后期应适当运动，以增强体质，并有利于胎儿的正常生长发育和防止难产。

（11）适当的饲养密度。妊娠母猪的饲养目前主要有单栏限位饲养和小群饲养两种。

较大规模养猪场经常应用前者，把妊娠母猪饲养在长、宽、高分别为210、60、100厘米的限位栏里，每栏一头，可保证采食均匀，容易根据母猪体况控制饲养，保持母猪体况适中；单栏限位饲养密集且每头母猪占栏面积小，便于管理，劳动生产率较高。但母猪不能自由活动，肢蹄病较多，利用年限较短，一般3年左右，投资也较大一些。

小群饲养是根据母猪体型大小强弱，将配种期相近的母猪在配种后50～60天小群养在一栏里。怀孕前期可4～6头1栏，后期将1栏分成2栏，每栏2～3头，每头猪占用面积前期应2.5米^{2}以上，后期3米^2。栏舍过小和饲养密度过高，会造成过分拥挤，引起机械性流产。此种饲养方式投资较小，怀孕母猪可以在栏里自由活动，有的栏外还设运动场，更有利于母猪运动，喂料时由于抢食而促进食欲，肢蹄病相对较少一些。但不利于控制每头母猪的体况，尤其是分群不当时，会造成采食不均，影响胎猪的生长发育。

（12）禁止使用易引起流产的药物如地塞米松、雌激素、磺胺类药物等。

三、妊娠母猪流产、死胎的原因分析

妊娠母猪流产、死胎，是许多猪场普遍存在的问题，给养猪业带来的直接和间接经济损失很大。生产中，要针对发病原因，认真分析，综合防治。

1. 遗传因素　近亲繁殖是引起死胎的主要原因之一。近交时，致死基因纯合概率增高，增加了胚胎的死亡率，出现死胎。预防方法是避免近亲繁殖。

2. 营养因素

（1）能量　饲料日粮能量过高，母猪躯体过肥，体内脂肪沉积，腹腔内腹膜、子宫周围及皮下组织有大量脂肪沉积，致使子宫血液循环出现障碍，胚胎着床困难，胚胎成活率降低。

（2）维生素　维生素 A、维生素 D 的缺乏，是导致弱仔产生的主要原因之一。母猪妊娠 4～6 周，当母体维生素 E 缺乏时，可引起胎儿死亡并被母体"消化"吸收。妊娠的最后 4～6 周，发生维生素 E 缺乏时，常常导致弱仔的产生。同时，母体的抗应激能力降低，使仔猪在分娩过程中死亡。

（3）有毒成分　棉籽饼中的棉酚，菜籽饼中的芥子酸等有毒成分，对胎儿特别有害，过量饲喂可导致死胎增加，脱毒后可按日喂量的 10%～15% 加入。一些重金属元素（铅、汞等）和砷的慢性积累也可致胎儿死亡夭折。饲喂霉变腐败饲料，特别是受黄曲霉毒素污染的饲料，可导致死胎、流产，甚至母猪中毒死亡。酒糟多喂后引起的便秘，不能大量用泻药，而应多喂青绿多汁、豆腐渣等轻泻饲料。

3. 环境因素

（1）温度 妊娠母猪的适宜环境温度为 $11\sim25℃$。妊娠早期，高温能导致胚胎的死亡率明显增加，特别是怀孕的前 3 周，若环境温度达到 $32℃$ 以上，则胚胎的死亡率显著增加。防暑降温、保持妊娠舍通风凉爽，避免热应激非常重要。可以通过喷水、洗浴等方法给猪降温。

（2）通风 妊娠舍通风不良，空气污浊，舍内氨气等有害气体超标，湿度过高，可致母猪呼吸困难、胎盘供氧不足，使胎儿缺氧死亡。

（3）母猪因素 分娩时，仔猪死亡率通常随母猪年龄的增大而上升。猪龄增大，子宫收缩功能下降，分娩时间长，甚至难产，造成子宫内缺氧，引起仔猪窒息死亡。

（4）应激因素 妊娠母猪受到突然刺激，如驱赶、拥挤、气温骤变、药物注射以及饲料的突然改变等刺激，都可致妊娠母猪流产。

4. 疫病因素

（1）病毒性传染病 细小病毒，主要侵害后备母猪，使初产母猪胎儿死亡率增高或全部死亡。应在后备母猪配种前 1 个月注射细小病毒疫苗预防。肠道病毒感染、乙脑、猪呼吸与繁殖障碍综合征以及伪狂犬病等，均可导致死胎的发生。

（2）细菌性疾病 布鲁氏菌，母猪孕后 $4\sim12$ 周流产或早产。钩端螺旋体病，母猪 $20\%\sim70\%$ 发生死胎、流产或弱仔。链球菌和胎儿弯杆菌也会引起母猪发生流产。配种时消毒不严，母猪阴道感染，细菌进入子宫，可造成胎儿死亡。

（3）其他传染病 衣原体病、弓形虫以及猪附红细胞体病皆可引起母猪流产、死胎。所以饲养管理中要做好繁殖障碍性疾病的防治工作。

第四节　哺乳母猪的饲养管理

一、母猪分娩前的饲养管理

1. 预产期的推算　母猪妊娠期平均为 114 天，即 3 个月 3 周又 3 天，生产中总结"三、三、三"推算预产期的方法。亦可以根据公历计算，其口诀是："配种月份加上 4，配种日期减去 6，再减去大月数（过几个大月减几天），过 2 月加 2 天，闰 2 月加 1 天"。

2. 准备产房　产房（分娩舍）在母猪分娩前 5～10 天要充分冲洗，彻底消毒。消毒方法是：先打扫干净，再用 3%～5% 的石炭酸或 2%～3% 来苏儿（或火碱）水溶液进行消毒，墙壁用 20% 石灰水粉刷，干燥 1～2 天后再使用。猪饲槽、饮水器等用具需每日冲洗，定期用 0.1% 新洁尔灭消毒；粪尿沟等须定时消毒，可选用生石灰、烧碱等直接洒布。产房要求：温度 22℃ 左右，相对湿度 65%～75%，清洁干燥，舒适安静，阳光充足，空气新鲜。

3. 早进产房　为使母猪较快习惯新的环境，应在产前 7 天停止运动，进入产房。要尽可能在早晨空腹时赶进，并立即喂料。如果临产时突然把母猪移入产房，往往会由于不习惯而引起神经紧张，易产生产后无乳、子宫炎、乳房炎等疾病，甚至发生初生仔猪大部分死亡或母猪咬死仔猪等事故。母猪进入产房前应进行腹部、乳房等部的清洗消毒后再进入产房待产。

4. 分娩前的护理　母猪产仔前，尤其是产仔前 30 天左右，胎儿体重急剧增加，母猪腹腔容积不断缩小，应减少青、粗饲料喂量，增加精料喂量，尤其是蛋白质饲料的供应。日粮营养水平以每千克混合料消化能 12.13～12.55 兆焦、粗蛋白质 15% 左右为宜。饲喂方式采取自由采食，喂量根据母猪体重大小、体况肥瘦，一般每天饲喂 3～4 千克混合饲料，1～2 千克青饲料，分 3 次饲喂，另供清洁饮水。产前 5～7 天应减少精料的 10%～20%，以后逐渐减料，到产前 1～2 天减至正常喂料量的 50%，并停喂多汁饲料，以防乳汁过多而发生乳房炎；但对体况较差的母猪不但不能减料，而且应增加蛋白质或动物性饲料以利于泌乳。在饲料的配合调制上，应停用干粗不易消化的饲料，而用一些易消化的饲料。在配合日粮的基础上，可应用一些青料，调制成稀食饲喂。分娩当天应停止喂料，仅喂麸皮食盐水或麸皮电解质水，防止母猪便秘、乳房炎、仔猪下痢，第 2 天喂少量饲料，1 周之内喂量逐渐增加，待喂量正常时要最大限度增加母猪采食量。产后 24～36 小时肌内注射氯前列烯醇 175 毫克/头，有利于增加泌乳量和断奶后发情。

5. 稳定饲料供给　临产母猪应饲喂妊娠期间的饲料。否则，会影响分娩后的泌乳，对仔猪发育不利。若因某种原因，必须改变饲料时，在 7 天以后进行较为安全。

6. 保持安静的环境　在临近分娩时，频繁地移动猪只，常会发生产后母猪不泌乳或咬死仔猪的事故，所以保持安静的环境，使母猪情绪安宁是必要的，要尽可能地不让其他人员进入分娩舍。

7. 室温不能太高　分娩舍的温度如果超过 30℃，湿度又高，母猪就会感到不舒适，呼吸急促并发热影响哺乳。因此，在暑热天气，应用冷水冷浴颈部降温。

8. 注意观察临产征状　母猪临产时，外阴部充血肿大，腹部膨大下垂，尾根两侧开始凹陷，乳房膨胀有光泽，两侧乳头外张；从后面看，最后一对乳头呈"八"字形，用手挤有乳汁排出。一般在出现紧张不安、时起时卧、性情急躁等现象后 6～12 小时产仔。频频排尿、阴部留出稀薄黏液、母猪躺卧阵缩并有羊水排出、呼吸急促等表明即将分娩，应马上把母猪腹部、乳房及外阴洗净、消毒擦干，准备接产。

9. 做好母猪的接产工作 母猪正常分娩间歇为 5～25 分产出 1 头仔猪，1～4 小时分娩结束，个别延续到 12 小时。在仔猪全部产出后 10～30 分胎盘即排出。也有个别母猪是仔猪和胎盘交替产出。如果母猪长时间剧烈阵痛，产不出仔猪，且母猪出现呼吸困难、心跳加快的现象，应立即实行人工助产。一般是按母猪每 50 千克体重注射 1 支催产素进行催产。注射后 20～30 分可见效。若催产无效，可进行手术助产。即手臂剪指消毒后涂上润滑剂，在母猪努责间歇时，将手慢慢伸入产道，摸到仔猪，将其顺位，随着母猪的努责轻轻拉出仔猪。经过手术的母猪，应用抗生素或其他抗菌药物灌注子宫，以防阴道、子宫感染发炎。

仔猪产出后，接产人员要尽快用干净的毛巾擦净每个仔猪鼻孔、口腔及全身的黏液，以防仔猪憋死。如有假死仔猪，可用胶管向其鼻孔内吹气，或按压其胸部进行人工呼吸，或放在 40℃温水中保温促醒，或一手倒提仔猪两条后腿、一手拍打背部或在两肋骨处，一张一合有节奏地挤压。

二、哺乳母猪的饲养管理

1. 母猪的泌乳特点及泌乳规律 喂好哺乳母猎，是整个繁殖周期中最后一个生产环节。这一阶段的饲养管理是否合理，不仅影响仔猪成活率和断奶体重，而且对母猪下一个繁殖周期的生产效果有显著影响。实践证明，合理饲养哺乳母猪，可有效地提高泌乳量，保持母猪断奶时的适宜膘情，对仔猪健壮发育和母猪按时发情配种作用明显。

（1）**乳房结构** 母猪一般有 6～8 对乳头。各乳头对应的乳腺相互独立，互不相通。每对乳房的泌乳量不同，一般前部乳房的乳腺和乳管数比后面的多，泌乳量也多。母猪的乳房不像乳牛等家畜那样，能在乳房中积蓄较多的乳汁，没有乳池，不能随时挤出奶水，仔猪也不能在任何时候随时吸到乳。只有当小猪反复拱奶、吸吮奶头，不断刺激神经时，母猪才分泌催产素和加压素，使乳腺周围的肌肉收缩，导致放乳。

（2）母猪的泌乳特点　①泌乳次数多。整个泌乳期内，平均每昼夜放奶 21 次，约每隔 1 小时放 1 次，在 10～30 天时放奶次数最多，可达 23 次，60 天时则降到 6.5 次。夜间安静，泌乳次数较白天多。②放奶时间短。一般仔猪拱奶 2～5 分钟，而真正放奶时间平均每次 10～40 秒。

（3）母猪泌乳的规律　母猪泌乳全期产奶量 300～400 千克。每日泌乳 5～9 千克，每次泌乳量 0.25～0.4 千克。泌乳量在分娩后逐渐增加，一般在产后 10 天上升较快，21 天左右达到高峰，可以维持到 30 天，之后逐渐下降。因此，为了提高母猪泌乳量，必须在母猪泌乳高峰到来之前，根据仔猪多少及母猪本身的膘情，酌情增加优质饲料，以促进泌乳高峰更高，维持较长时间，并使高峰到来以后的泌乳量缓慢下降。同时，还要在泌乳高峰到来之前训练仔猪吃料，等母猪泌乳高峰过后仔猪能正式按顿吃料，以保证仔猪在母猪泌乳量下降时仍能正常地发育。

另外，母猪胎次不同，泌乳量不同。初产母猪泌乳量低，3～5 胎泌乳量最高，以后逐渐降低。

2. 哺乳母猪的营养需要　母猪在哺乳期内，负担很大，除了维持本身活动外，还要哺育仔猪，一般在 60 天内约泌乳 200 千克，高者可达 450 千克左右。因此，即使按饲养标准进行饲养，由于母猪分娩后采食量低，也很难满足泌乳需要，必须动用自身的营养储备，导致哺乳母猪体重下降。在正常情况下，哺乳母猪体重下降的幅度为产后体重的 15％～20％，且主要集中在第一个泌乳月中。必须供给充足的优质饲料，保证较高的能量和蛋白质水平，进行科学饲养。日粮标准，可按体重的 0.8％～1％给予维持日粮，在此基础上，每增加 1 头仔猪相应增加 0.3 千克饲料。每千克饲料含消化能 12.5 兆焦，粗蛋白质 15％，钙 0.7％，磷 0.5％。饲料组成中应有鱼粉等蛋白质饲料，有条件的还可添加 5％的脂肪。同时，要满足维生素的供给，并给予充足的青绿多汁饲料和饮水。

3. 哺乳母猪的饲养

（1）饲养方式

①前精后粗式：常用于体况较差的瘦弱经产哺乳母猪。母猪本身体况不好，又加上仔猪吸吮乳汁，如不加强饲养，母猪很快就会垮掉。母猪产后 21 天左右达到泌乳高峰，第一个泌乳月的泌乳量占总泌乳量的 60％～65％，第一个月内的失重占哺乳期总失重的 85％左右。随着仔猪的生长发育，母乳作为营养源的作用日趋缩小，而逐渐被补饲饲料所代替，所以根据母猪泌乳和体重变化的规律，实行前精后粗的饲养方式，满足母猪泌乳的营养需要，把优质的饲料用在关键时期，十分重要。

②一贯加强的饲养方式：就是在哺乳期全过程中，始终对哺乳母猪保持高营养水平的饲养。这种饲养方式适用于初产和在哺乳期间进行配种的哺乳母猪。

（2）饲养技术 饲养原则是产后第 5 天起母猪恢复正常喂量后，设法使母猪最大限度地增加采食量，不限制采食量，以减少哺乳失重。饲喂哺乳母猪要做到定时、定量，配制日粮要做到适口性好、易消化、饲料多样化（指全价日粮中饲料原料种类多），满足其营养需要，注意日粮中维生素、微量元素的含量和钙磷的比例是否平衡，体积不能过大，且要求新鲜、无霉、无毒，以促进仔猪的生长发育。一般分娩当天不喂料，第二天后开始在维持饲粮的基础上，根据所带仔猪的多少逐渐增加喂量，到 6～7 天时达到哺乳母猪的饲喂量。每天喂 3～4 次为好，每次间隔时间要均匀。每顿喂饲要做到少给勤添，不能剩料，防止过饱而引起消化不良，影响泌乳。切忌日粮突变，防止发生消化道疾病。在仔猪断奶前 3～5 天，要注意减少日粮中精料和多汁料的喂量，注意母猪乳房的膨胀状态，同时减少仔猪喂奶次数，防止母猪乳房炎的发生。此外，应做到每天供给充足的清洁饮水。

哺乳母猪饲料里还应增加些轻泻性饲料如麸皮等，国外有的加苜蓿草粉、甜菜渣，以防便秘。若发生便秘，将直接影响泌乳量，往往会造成肢体中毒，乳中含有毒素，导致仔猪腹泻。

4. 哺乳母猪的管理

（1）母猪分娩后 3 天之内，体力消耗较大、食欲不佳，应在舍内休息饲养。产后如遇好天气，可让母猪带仔猪到舍外活动，增加日光浴，促进血液循环和增强消化功能。

（2）保持良好的环境条件。要求舍内清洁、干燥、冬暖、夏凉，定期消毒。消毒药选用广谱、刺激性小的。料槽保持清洁、干燥，内无腐败变质饲料。

（3）保护母猪的乳房和乳头。母猪乳腺发育与仔猪的吸吮有很大关系，特别是头胎母猪，应尽量使每个乳头均能利用，以免未被吸吮的乳头发育不好，影响以后的泌乳量。对于初产母猪可在产前 15 天开始进行乳房按摩，或产后开始用 40℃左右温水浸湿抹布，按摩乳房至断奶前后，即可收到良好效果。仔猪生后应去掉獠牙；产圈要平坦，产床要去掉突出尖物，以免刮伤或刮掉乳头，母猪拒绝哺乳。

（4）保证充足饮水，以保证正常的泌乳量，通常设置自动饮水器或贮水装置，以保证母仔随时饮用。乳头饮水器的出水量不少于 1.5 升/分钟。

（5）饲养人员要加强责任心，细心观察母猪和仔猪的吃食、粪便、精神状态及仔猪的生长发育状况，发现情况及时采取措施进行治疗，及时调整饲养管理制度。

（6）使哺乳母猪适当增加运动和多晒太阳。母猪产后 3～4 天如果天气晴好，可让其每天运动几十分钟；对拒绝哺乳的母猪采取的措施：分别捆绑前后肢，让仔猪吃乳；用沾过酒的馒头喂，使之处于昏迷状态。

（7）对母猪的管理措施要保持相对稳定，以使母猪泌乳规律保持正常，供给仔猪充分乳汁。

（8）训练母猪养成定点排粪的习惯，严禁大声喧哗和鞭打母猪，建立人猪和谐关系，为母仔创造一个安静、舒适的生活环境条件。

三、母猪哺乳期常遇到的问题

母猪哺乳期间，由于营养不足、饲养管理不善、疾病等原因引起哺乳母猪缺奶、无奶或拒哺等。生产中要针对病因或饲养管理存在的问题，采取相应措施。

（1）乳头孔堵塞多发于初产母猪，主要表现是母猪乳房发育很好，但仔猪吸不出奶。只要饲养人员用手挤压，把乳头孔的堵塞物挤出来，即能顺利泌乳。

（2）仔猪拱奶无力。生产中，常见到母猪的乳房发育很好，但所生仔猪弱小，无力拱奶，不能给母猪乳房以必要刺激，致使母猪不能正常放乳。饲养人员应在仔猪拱奶时，用手掌帮助按摩乳房，直到母猪发出"哼哼"声时为止，仔猪就可以顺利地吃上奶了。通过几次帮助，仔猪身体逐渐强壮，可使母猪正常放乳。

（3）母猪患子宫炎和乳房炎。应立即采取措施及时治疗，消除炎症，使之恢复泌乳。

（4）营养不良。这是造成母猪无乳或泌乳量少的一个重要原因，主要是由于营养水平过低或饲料过于单纯而造成的，可在改善营养水平的前提下喂给催乳饲料，如豆浆、米汤等，特别是动物性蛋白饲料，如鱼粉、血粉、小鱼或小虾等，以促进泌乳。

（5）对症下药。用催产素、血管加压素或喂中药及煮熟的胎衣等进行催乳。

（6）加强对初产母猪进行产前乳房按摩，促使其乳腺充分发育。

（7）给哺乳母猪创造舒适的环境条件消除不利泌乳的因素。

第五节　仔猪的饲养管理

仔猪出生后脱离了母体，生活环境发生了根本变化。仔猪在母体内靠母体血液进行气体交换，供给氧气和排出二氧化碳，出生后转为自身呼吸系统进行自主呼吸；由母体子宫内的恒温环境而不需进行体温调节，转变为随着外界环境温度的变化而需要进行调节以维持体温的恒定。从母体内的无菌环境，转变为有菌环境。此时仔猪的热调节能力差，脂肪层薄，且不能再从母体直接获得免疫抗体。因此，如果饲养管理措施不当，有可能因窒息、冷冻、细菌或病毒的侵袭而引起仔猪死亡。对仔猪的培育，必须根据其生理特点，为其创造适宜的生活环境。加强饲养管理，提高仔猪的成活率。

一、初生仔猪的培育

1. 哺乳仔猪的生理特点

（1）调节体温的机能不完善　成年猪无论在严寒的冬季，还是酷热的夏季，都能通过自身的调节作用而保持恒定的体温（38～39.5℃），而仔猪出生时大脑皮层发育不够健全，通过神经系统调节体温的能力差，加之皮薄毛稀，皮下脂肪少，体表面积大，仔猪体内能量的贮存较少，如果温度降低，则血糖很快降低，如不及时吃到初乳，很难成活。仔猪的日龄越小，调节体温的能力越差，初生仔猪适宜的环境温度为35℃，如环境寒冷，其体温可下降1.7～7℃，尤其是出生后的20分钟内，由于羊水的蒸发，温度下降更快。吃过初乳的健康仔猪，在18～24℃的环境中，约需2天后才能恢复正常体温，在1℃环境中经2小时，就有冻死的危险。处于低温环境中，仔猪发冷、体弱、抗病力差，甚至处于昏迷状态，影响哺乳，会造成不良后果。表5-3

为不同日龄仔猪所需的适宜温度。

表 5-3　仔猪不同日龄所需要的适宜温度

仔猪日龄（天）	适宜温度（℃）
1～3	30～35
4～7	28～30
8～20	22～25
31～45	20～22

（2）初生仔猪消化器官不发达，消化机能不健全，但发育迅速　仔猪的消化器官在胚胎期虽已形成，但结构与功能均不完善。出生后即能分泌唾液，但唾液中淀粉酶数量少，仅为成年猪的 1/3～1/2，活性也较低。随着仔猪日龄的增长和采食量的增加，淀粉酶的数量和活性逐渐提高，到 3 月龄左右时，唾液淀粉酶可达到成年猪的分泌量。

出生时胃的重量仅为体重的 0.44%，比成年猪少 0.13 个百分点，20 日龄时，胃重量比初生仔猪增加 30 克左右，胃容量扩大 3～4 倍。出生后胃液中主要有胃蛋白酶和凝乳酶，但 1～20 日龄的仔猪胃内缺乏游离盐酸（仔猪胃液中盐酸浓度的高低，与杀菌能力有密切关系，故 20 日龄以内的仔猪容易腹泻），胃蛋白酶就不能被激活，而呈酶原形式存在，直到 20 日龄后胃蛋白酶的作用才逐渐表现出来，此时主要靠凝乳酶帮助消化乳汁。吃进的饲料主要靠肠液和胰液消化。初生仔猪分泌肠液的功能很旺盛，肠液中淀粉酶和凝乳酶的活性很高。乳糖酶的活性在仔猪初生时较高，1～2 周内有所增加，以后逐渐下降，到断乳时更低。胆汁中的胆酸盐是胰脂肪酶的激活剂，并能乳化脂肪，促进饲料中脂肪的分解和吸收。初生仔猪分泌的胆汁很少，摄入的脂肪很难被消化吸收，当仔猪体重达 7 千克左右时，胆汁分泌量才迅速增加。

随着仔猪日龄增长和饲料对胃壁的不断刺激，盐酸的分泌量不断增加，到 35～40 日龄盐酸才表现出消化能力，60 日龄时接近成年猪的水平，胃腺功能趋于完善。随着消化道功能的逐渐增强，食物由乳转为饲料，采食量由少到多，进入旺食阶段。哺乳期间，要特别注意饲料、饮水、食槽和圈舍的环境卫生，减少病原微生物，防止胃肠道疾病。

哺乳仔猪的消化功能不健全还表现在饲料通过消化道的速度很快。从饲料进入胃内到完全排空的时间：15 日龄约为 1.5 小时；30 日龄为 3～5 小时；60 日龄为 16～19 小时；30 日龄时饲喂人工乳的食物残渣通过消化道的时间为 12 小时，饲喂大豆蛋白约需 24 小时；到 70 日龄时，不论蛋白质来源如何，排空均需 35 小时左右。饲料的形态也影响其通过的速度，颗粒料排空时间为 25.3 小时，粉料为 47.8 小时。

（3）生长发育快，物质代谢旺盛 仔猪是猪生长强度最大的阶段，单位体重需要的养分多，对饲料的质量要求高，20 日龄，每千克体重需沉积的蛋白质 9～14 克，为成年猪的 30～35 倍。每千克增重需代谢能 30.21 兆焦，为成年母猪的 3 倍；无机盐需要量也较多，每千克增重需钙 7～9 克。由此可见，仔猪对营养物质的需要量，在数量或质量上都高于成年猪，对营养不全的饲料反应特别敏感，对仔猪必须保证各种营养物质的充足供应。

（4）缺乏先天免疫力，易得病 免疫抗体是一种大分子球蛋白，猪的胚胎构造复杂，母猪血管与胎儿脐血管之间被 6～7 层组织隔开，从而母猪抗体很难通过血液流向胎儿，初生仔猪没有先天免疫力，自身也不能产生抗体。母猪初乳中含有大量的免疫球蛋白，出生后的仔猪吸吮到初乳后，血清中免疫球蛋白的水平很快提高，免疫力迅速增强。生产实践中尽早让仔猪吃足初乳，增强仔猪免疫力，这是防止仔猪患病、提高仔猪成活率的关键措施。

仔猪出生 10 日龄以后才开始自身产生抗体，直到 30～35 日龄前数量还很少，5～6 月龄才达到成年猪水平。3 周龄以内是免疫球蛋白青黄不接的阶段，此时胃液内又缺乏游离盐酸，对随饲料、饮水等进入胃内的病原微生物没有消灭和抑制作用，此阶段的仔猪容易患消化道疾病，要特别注意防病。

（5）爱睡觉、行动不灵活、对周围反应的能力弱，造成初生仔猪易受冻受压　生后 3～5 天内，仔猪饱食后睡眠很多，且睡得很深，7 天左右在栏内啃东西活动，半月左右斗戏，7～10 天学吃食，25～30 天可大食。

（6）补铁　仔猪出生时体内贮存的铁约 50 毫克，每升母乳中含铁 1 毫克，仔猪生长每天需要铁 7～11 毫克。因此，依靠母乳不能获得足够的铁，必须补充铁以满足仔猪快速生长的需要，若供应不足会导致生长发育不良、缺铁性贫血、腹泻。仔猪出生 3 日内补铁 150 毫克，10 日龄再补铁 200 毫克。同时注意补硒，3 日内仔猪补充 0.1% 亚硒酸钠维生素 E 1 毫升，或者在 2 日龄和 3 日龄时肌内注射 1～2 毫升牲血素（含铁硒），对生长较快仔猪，在断奶前做第二次注射，以防止贫血、白肌病及水肿病，提高免疫力。

综上所述，要养好仔猪，必须掌握仔猪的生理特点，满足仔猪对各种营养物质的需要。

2. 提高仔猪成活率的措施　哺乳期仔猪死亡原因有多方面：压死的死亡率达 28%～46%，虚弱造成的死亡率达 60%～98%，饥饿造成的死亡率达 17%～21%，疾病造成的死亡率达 14%～19%，低温应激造成的死亡率达 10%～19%。

（1）提高每窝产活仔数　产活仔数的增加，有利于提高仔猪成活率。

（2）加强对初生仔猪的护理　这样有利于提高仔猪的成活率。

①保暖防冻：保温是防止仔猪受冻、腹泻和提高成活率的关键，主要措施可用远红外线灯吊在保育箱上方或猪栏内供暖；设保育箱或保育栏，内铺垫草，隔寒保温；利用暖床，即在仔猪床

下面铺设供热管道；产仔舍内设暖棚或供应暖气，或电热板、取暖器。

②防压防踩：1～3日龄仔猪活动能力差，应加强护理，防止母猪压死仔猪。主要措施是在猪床的靠路面用木棍或钢管制成距地面20～30厘米的护仔栏，以防母猪躺卧时压死仔猪。另外，可将刚出生的仔猪放入护仔箱。

③训练固定乳头：使仔猪有秩序地在各自的乳头上吃乳，帮助弱小仔猪尽早吃到初乳。固定乳头时，将极弱小的仔猪固定在前面的乳头上，以便其得到充足的奶水，从而获得均匀一致的断奶个体，提高断奶窝重，为以后全进全出奠定基础。

方法以仔猪自主选择为主，个别调整为辅，特别要抑强扶弱。一般仔猪白天哺乳次数比夜间哺乳次数多。自然哺乳时，开始吮吸的乳头，仔猪认定后，直到断奶也不会改变。连续人工辅助2～3天即可定位。如发现个别仔猪乱抢乳头时，应及时纠正。方法是将仔猪全部捉出，予以隔离，用手按摩乳房，待母猪安静后再放回部分仔猪哺乳，在不发生争夺的情况下逐渐增加就乳猪数，直到全部放回。

④寄养与并窝，保证全活：母猪产仔数超过乳头数、母猪生病、无乳、母猪产后死亡、产仔太少等原因，均需并窝或寄养。并窝或寄养的仔猪与原窝猪产期相差不超过3天，避免大欺小、强欺弱、发育不均匀现象的发生。最好要吃过亲生母猪的初乳，以增强抵抗力。为避免代养仔猪被咬伤，可在其身上涂上"寄母"的奶水。

⑤脐带护理：仔猪出生6小时后，通常脐带会自动脱落，弱仔需要的时间会长些。如果仔猪脐带流血，要在脐带距身体2.5厘米处系上带子以便止血。另外，也可采取断脐措施，通常将脐带留下8～9厘米并将其系紧，再涂2%的碘酒消毒。

3. 哺乳仔猪的饲养管理技术

（1）提高仔猪初生重的措施　仔猪初生重的大小影响其生长

发育。

①加强对母本的选择：从产仔数多、初生重大的窝仔中选择发育好、乳头多、排列整齐且无副乳头和瞎乳头、体型好的仔猪作种用。要定期更新，保持正常的年龄结构。一般年更新率20％～25％为宜。

②加强怀孕母猪的管理：对怀孕母猪要按饲养标准供应能量、蛋白质、维生素和无机盐，使母猪从饲料中获得充足的营养物质，尤其是妊娠后期母猪的饲养，但也不能喂得过肥。具体说，这个时期要逐渐减少青粗饲料，增加精饲料，特别是增加脂肪含量。

③开展杂交繁育：不同品种或品系间杂交，有效利用外来良种，后代显示出较强的杂交优势，仔猪的初生重较大，生活力也较旺盛。

④适时配种：初配母猪要达到该品种的规定体重时配种；但配种时间不应延迟，否则会引起受精的胚胎活力不强，造成死胎或者产出初生重很小的仔猪。

⑤配种前的后备母猪，要避免过于限制饲喂，以防发育减慢或延后。如果没有饲喂专门后备母猪饲料，会引起母猪发情延迟、繁殖性能下降、仔猪初生重降低，弱仔数增加。

（2）提高仔猪断奶窝重的途径　提高仔猪成活率和断奶个体重及断奶窝重，要抓好三个关键时期的饲养和管理，即"抓三食、过三关"：

①重乳食，过好初生关：让仔猪充分吸食初乳，使其获得必要的营养物质和免疫物质，以增强体质。

②早开食，过好补料关：仔猪出生后，随着日龄增长，生长速度日益加快。母猪的泌乳量在产后3～4周达到高峰后逐渐下降。仔猪从生后第2周，从母乳获得的营养物质已不能满足其营养需要，且随仔猪日龄增加，母乳提供的营养越来越不能满足仔猪的生长需要。为促进仔猪肠胃发育及减少断奶后吃料的应激，

保证仔猪正常生长，必须及时补饲，3～5日龄即可对仔猪诱食。补饲的饲料必须适口性强、体积小、浓度高、所含营养物质适合仔猪的消化系统。最好制成颗粒饲料，具备松脆、香甜等良好特性。补料的方法，每个泌乳母猪圈都装设仔猪补料栏，内设饲槽和自动饮水器，强制补料时可短时间关闭限制仔猪的自由出入，平时仔猪可随意出入，日夜都能吃到饲料。

补料可以使哺乳仔猪提早认料，促进消化器官的发育和消化机能的完善，使仔猪的消化道尽早适应消化固体饲料，为断奶后的饲养打好基础。补料可分为调教期和适应期两个阶段。

调教期：从开始训练到仔猪认料，一般约需要1周左右，即仔猪7～15日龄。于5～7日龄开始训练仔猪吃料。充分利用仔猪的嗅觉、味觉和触觉等，在地面上撒一些仔猪喜食的饲料或切得很细的适口青饲料，或在地面上撒一些仔猪料，让母猪吃，仔猪跟着学吃。通过补料训练，锻炼仔猪咀嚼和消化能力，并促进胃内盐酸的分泌，避免仔猪啃食异物，防止下痢。

适应期：从仔猪认料到能正式吃料的过程，一般需要10天左右。这时仔猪对植物性饲料已有一定的消化能力，母乳不能满足仔猪的营养需要。通过补料，可以供给仔猪部分营养物质，进一步促进消化器官的发育和消化机能的完善。同时，可减轻母猪的哺乳负担。

③抓旺食，过好断乳关：仔猪达4周龄后，消化机能逐渐完善，进入旺食期，采食量增加，生长迅速。为了提高仔猪的断乳窝重，必须抓好旺食期的饲养管理。

要使用营养全面的配合料，每千克饲料含消化能13.8兆焦，粗蛋白质18%，赖氨酸占粗蛋白质的4.5%或占日粮的0.9%。注意蛋白质质量，要增加一定数量的动物性蛋白质饲料和无机盐饲料。现在一般多使用全价乳猪料。

生长发育快的仔猪开食早且贪食，营养需要量大，但胃容量小，排空快，要遵循少喂勤添的原则进行饲喂，防止消化不良，尽可能减少仔猪下痢和猪水肿病的发生。一般每天补饲 5～6 次，夜间补饲 1 次。可用自动补料器，任其自由采食。

补充必需的无机盐饲料，尤其要注意补铁，防止仔猪贫血。

补充水分，水分对仔猪生长非常重要。因母乳含脂量高，仔猪常口渴，如不补充水，仔猪乱喝脏水或尿液，易引起胃肠疾病。可在补料间设饮水槽，供给清洁饮水。

（3）剪齿 仔猪出生时已有上下第 3 门齿与犬齿（俗称獠牙）3 枚，末端尖锐，需用剪齿钳从根部剪平，防止同窝仔猪相互争抢而伤及面颊及母猪乳头。

（4）断尾 生后不久用剪刀剪去最后 3 个尾椎即可，并涂药预防感染，防止仔猪相互咬尾。

（5）防病 为预防仔猪腹泻病的发生，应加强母猪妊娠期和泌乳期的饲养管理，妊娠后期，要求注射相应的疫苗，保持猪舍清洁卫生，采用药物预防和治疗。出生后 1 天内接种伪狂犬疫苗，0.5 头份/头（肌内注射或滴鼻均可）。出生后 3、7、21 天分别肌内注射 10％头孢霉素（不能同一天补铁），剂量分别是 0.5、0.5、1.0 毫升，防止仔猪下痢和链球菌病等，提高生长速度。

二、断乳仔猪的饲养管理

1. 断奶方法

（1）逐渐断奶法 又称安全断乳法。断奶前 3～4 天减少母猪和仔猪的接触与哺乳次数，并减少母猪饲粮的日喂量，使仔猪和母猪都有一个适应过程，减轻断奶应激对仔猪的影响。此种方法较麻烦，但适于泌乳较旺的母猪。

（2）分批断奶法 又称先强后弱断乳法，适用于泌乳较旺的母猪。根据仔猪的发育情况、用途，分批陆续断乳。将一窝中体重较大、食欲强或拟肥育用的仔猪先断奶，而发育差或拟留作种用的仔猪继续哺乳一段时间,以便提高其断奶体重,此种方法会延长哺乳期,影响母猪的繁殖成绩,但可以兼顾弱小仔猪和拟留作种用的仔猪。

(3)一次断奶法 又称坚决断乳法,适用于乳房回缩、泌乳量少的母猪。断奶前3天减少哺乳母猪的精料、青饲料及水的供应量,到断奶日龄一次将仔猪与母猪全部分开。此种断奶方法来得突然,会引起仔猪应激和母猪的烦躁不安。但省工省时,便于操作,适合于集约化养猪生产,但应该加强母猪及仔猪的护理。

2. 饲养

(1)**网床饲养** 可以使仔猪离开地面,减少冬季地面传导散热的损失,提高饲养温度;粪尿、污水通过漏缝网格漏到粪尿沟内,减少了仔猪接触污染的机会,床面清洁卫生、干燥,能有效地遏制仔猪腹泻病的发生和传播;哺乳母猪饲养在产仔架内,减少了压踩仔猪的机会,从而提高了仔猪的成活率、生长速度、个体均匀度和饲料利用率。

(2)**饲料要求** 断奶仔猪正处于身体迅速生长的阶段,饲料要求相对较高,要喂给高蛋白质、高能量、含丰富维生素和矿物质的饲粮。应控制含粗纤维素过多的饲料,注意添加剂的补充,降低日粮抗原物质。蛋白质是日粮的主要抗原物质,降低蛋白质水平可减轻肠道免疫反应,减少断奶后腹泻。一般仔猪配合饲料含18%的粗蛋白,适口性好的饲料有利于增进仔猪的食欲。炒熟的黄豆、黑豆、豌豆等具有浓郁的香味,可以粉碎后作配料改善饲料的口味;碎米、玉米等谷物类饲料经过煮熟和浸烫,可以改善适口性;还可利用糖精、甜叶菊等甜味剂改善饲料的口味。此外,采取熟料生料结合饲喂的方式,也能增进仔猪的食欲。

(3)**增加仔猪采食量** 仔猪断奶后,采食量逐日增加,日增重也快,饲料报酬高。应选用营养全面、消化率高、适口性好的乳猪配合饲料，促进仔猪多采食，以提高仔猪个体体重。采用糊状料或湿料饲喂，可增加仔猪的采食量。饲喂次数可以实行日喂5～6次，夜间9～10时增喂1次，同时供给清洁的饮水。

3. 管理

（1）**适时断奶**　根据猪的品种、母猪体况、泌乳能力、饲料、饲养条件不同，实行不同时间断奶。一般21～45日龄，有的仍是60日龄断奶，但断奶窝重大多仍以60日龄的体重计算。

（2）**降低仔猪应激**　断奶应激常引起肠道损伤，引起胃肠道消化酶水平和消化能力下降，易使食糜以腹泻形式排出。引发断奶应激的因素很多，诸如营养饲料由温热的液体母乳变成固体饲料，饲料中不被消化的蛋白质比例过高，粗纤维水平过低或过高、氨基酸和维生素缺乏、饲料粉尘大或发霉变质、鱼粉混有沙门氏菌或含食盐过量等；生活方式由依附母猪的生活变成完全独立的生活；生活环境由产房转移到仔猪培育舍，并伴随着重新编群等。

①降低环境应激：采用原圈培育法。仔猪断奶后1～2天，由于生活条件变化，往往嘶叫寻找母猪，尤其是听到母猪的叫声、闻到母猪的气味时，反应更为强烈。常表现为精神不振，食欲减退，体重减轻，生长缓慢。为了保证必需的营养供应，一般采取去母留仔的方法，仔猪到断乳日龄时，将母猪调回空怀母猪舍，仔猪不离栏、不并栏，保留在原圈饲养一段时间，待仔猪适应后再转入仔猪培育舍，把断乳应激降到最低。

②降低精神应激：采取间断性断奶。让仔猪多采食、少吃奶，慢慢过渡到完全断奶，逐渐适应离开母猪后独立生活。

③降低饲料应激：断奶后仔猪由吃母乳变为独立吃料生活，胃肠不适应，很容易发生消化不良。断奶后的2周要精心饲养，最好维持原哺乳期饲料饲养，以免影响食欲和引起疾病。另外，变换饲料要逐渐进行；可于饲料中添加蛋白酶和淀粉酶之类的消化酶，以帮助消化；添加酸化剂降低仔猪胃肠的 pH，提高消化

酶的活性，更好地促进饲料的消化。

做好饲养制度的过渡。断奶 1～2 周内，每日饲喂次数和时间应保持与哺乳期相同，做到定时饲喂，以后逐渐减少。若断奶仔猪实行的是自由采食，则断奶后 1 周内最好限量饲喂，防止采食过量引起腹泻，1 周后实行自由采食。

（3）分群　如原窝仔猪过多或过少时，需要重新分群，可在调圈分群前 3～5 天，让仔猪同槽吃食，一起运动，彼此熟悉。再根据性别、个体大小、吃食快慢等进行分群，每群多少视猪圈大小而定。同栏群中仔猪体重相差不应超过 1～2 千克，将各窝中的弱小仔猪合并分成小群进行单独饲养。合群仔猪会有争斗位次现象，可进行适当看管，防止咬伤。

（4）良好的圈舍环境　断奶仔猪适宜的环境温度，3 周龄时为 25～28℃，8 周龄为 20～22℃；猪舍适宜的相对湿度为 65%～75%。

猪舍内外的定期实行空栏消毒和带猪消毒制度，减少病原微生物。交替使用消毒液将产房和保育舍进行空栏消毒，空栏时间 10～15 天。空栏时先把其彻底洗刷干净，然后用 2%～3% 的烧碱溶液彻底消毒，空栏 5～7 天后再换一种消毒液消毒一次，再空栏 2～3 天后用净水冲刷干净备用。带猪消毒时应注意圈舍死角及网床下面的彻底消毒。此外，圈舍内要保暖、通风、干燥、卫生，给仔猪提供良好的饲养环境，这样可大大降低发病率，提高仔猪成活率。

猪舍空气中的有害气体对猪的毒害作用具有长期性、连续性和累加性。因此，应及时清除栏舍内粪尿等有机物，减少氨气、硫化氢等有害气体的产生，控制通风换气量，排除舍内污浊的空气，保持空气清新。

（5）调教　先断奶转群的仔猪吃食、趴卧、饮水、排泄均未形成固定区域，故应加强调教，使其形成良好的生活习惯。这样既可保持栏内卫生，又可为育成、育肥打下良好的基础。训练方法是：排泄区的粪便暂不清扫，诱导仔猪来排泄。其他区的粪便及时清除干净。当仔猪活动时，对不到指定地点排泄的仔猪用小棍哄赶并加以训斥。当仔猪要睡卧时，可定时将其哄赶到固定区睡卧，经过一周的训练，可建立起定点睡卧和排泄的条件反射。

（6）保证充足的饮水　断奶仔猪采食大量干饲料，常会感到口渴，需要饮用较多的水，供水不足不仅会影响仔猪正常的生长发育，还会因饮用污水而造成下痢等。断奶仔猪栏内应安装自动饮水器，保证随时供给仔猪清洁饮水。刚进栏的猪可适当在饮水中加入多维。

（7）预防仔猪咬尾等恶癖的发生　刚断奶仔猪由于饲料营养不全、饲养密度过大、通风不良等应激，以及企图继续吮乳而常造成咬尾和吮吸耳朵、包皮等现象。在改善饲养管理条件的同时，可为仔猪设立球类、铁环等玩具让它们玩耍，分散注意力。玩具有放在栏内的玩具球和悬挂在空中的铁环链两种，球易被弄脏，最好每栏悬挂两条由铁环连成的铁链，高度以仔猪仰头能咬到为宜，这不仅可预防仔猪咬尾等恶癖的发生，而且也可满足仔猪好玩耍的要求。

（8）预防注射　见第六章。

第六节　商品瘦肉型猪安全
生产的饲养管理

商品瘦肉型猪是指仔猪断奶后肥育至上市屠宰的猪。目前，国内外都采用杂交种来进行商品瘦肉型猪的生产，有的杂交种来自不同品种的二元杂交、三元杂交或四元杂交，还有的来自专门化品系之间的合成杂交种。这些杂种猪的特点是生长快、蛋白质（饲料）转化率高、新陈代谢强度大，要求较好的饲养管理条件和合理的饲养方式。

肉猪的肥育期长短和出栏率的高低是衡量养猪生产水平的重要标志。我国由于长期受传统养猪方法的影响，虽然养猪存栏数居世界第一位，但肉猪出栏率较低，约为90%。近年来采用的杂交肥育、饲喂配合饲料和一条龙饲养方式，使肉猪的出栏率有了相应提高。

一、商品肉猪的生长发育规律

1. 生长速度的变化　商品肉猪体重增长速度的变化规律，是决定肉猪出售或屠宰的重要依据之一。猪体重的增长以平均日增重表示，随日龄增长而提高，呈现慢—快—慢的趋势。即随日龄（体重）的增长平均日增重上升，到一定阶段出现日增重高峰，然后逐渐下降。从幼龄的高速生长到减慢下降的转折点，大致出现在成年体重的40%左右，相当于母猪的初配年龄或肉猪的屠宰体重。当生长速度由转折点渐减，则增长的内容变更，肉猪的饲料利用率下降，后备猪的生理活动与营养代谢转移。生产转折点出现得迟早，与品种、杂交组合、营养水平和饲养条件有关。国外品种与国内品种杂交，日增重高峰在80～90千克，少量在90千克以上。肉猪生产上要抓住转折点前期阶段，充分发挥这一阶段的生长优势，在达到高峰时出栏。按月龄表示大约在猪6月龄左右增长速度最快，这个阶段饲料利用率也最高。此时给予高营养水平，注意日粮中氨基酸的含量及其生物学价值，促进骨骼和肌肉的快速发育，后期适当限饲减少脂肪的沉积，前期防止饲料的浪费，又可提高胴体品质和肉质。

另外，生长强度也就是相对生长速度。肉猪生长发育与后备猪相同。在正常的饲养管理条件下，绝对增重随猪年龄的增长而增加，其相对生长速度则随年龄的增长而降低，到了一定（成年）年龄时生长速度则稳定在一定的水平上，而后逐渐下降。猪的年龄越小，增重速度越快，日龄越大，绝对增重越高。因此，加强肉猪前期的肥育管理，提高前期的生长速度，是节约饲料和缩短饲养期的关键。

2. 猪体组织的增长规律　猪体内骨骼、肌肉和脂肪的生长顺序和强度是不平衡的，随着年龄的增长，顺序有先后，强度有大小、快慢。虽然骨骼、肌肉、脂肪的增长与沉积遵循一定的规律同时并进，但在不同时期和不同阶段各有侧重。骨骼是体组织的支架，随着年龄的增长最先发育也最先停止，肌肉居中，而脂肪是最晚发育的组织，幼龄时脂肪最少，后期加快，能量浓度越高，脂肪沉积越多，直到成年。骨、肉、脂的生长，早期（30～40 千克）是骨骼生长发育的高峰期，中期（60～70 千克）肌肉生长达到最高峰，后期（90～110 千克）脂肪生长达到最高峰。所谓的"小猪长骨，中猪长肉，大猪长油"说法，基本上反映了猪体各组织的生长规律。虽然不同品种和类型的猪存在生长强度的差异，但基本上呈现以上规律。如脂肪型猪成熟较早，各组织的强烈生长期也来得早，一般活重在 75 千克（如中国猪）时已经肥满，脂肪和肌肉的比例已达到了屠宰适期，而瘦肉型猪在同样体重时身体还在生长，蛋白质仍在大量沉积，脂肪的比例较小。当然，生长与营养水平关系很大，营养水平低，生长强度小；营养水平高，生长强度大。

掌握肉猪的生长发育规律后，就可以在其生长不同阶段控制营养水平，加速或抑制猪体某些部位和组织的生长发育，以改变猪的体型结构、生产性能和胴体结构，一定程度上提高猪的瘦肉率，达到养殖者所要求的生长快、肥育期短、饲料消耗少、饲料成本低的目的。对于商品瘦肉型猪，为获取瘦肉比例高的猪肉，应在脂肪蓄积旺盛期之前，结束肥育期。

3. 化学成分变化规律　猪体化学成分变化的内在规律，是制定商品瘦肉猪体不同体重时期最佳营养水平和科学饲养技术措施的理论依据。猪体化学成分随体组织和体重的增长而呈规律性变化。即随着年龄和体重的增长，机体的水分，蛋白质和灰分相对含量下降，而脂肪相对含量迅速增加。从增重成分看，年龄越大，其增重部分所含水分愈少，脂肪愈多。蛋白质与矿物质在胚胎期与生后最初几个月增长很快，以后随年龄增长而渐减，但其含量在体重45千克（或4月龄）以后趋于稳定，脂肪则迅速增长。同时，随着脂肪的增加，饱和脂肪酸的含量也相应增加，而不饱和脂肪酸含量逐渐减少。

肥育过程中猪体内水分、蛋白质、矿物质随年龄和体重的增加而相对减少，脂肪则逐渐增多。随着脂肪的增加，每千克猪体重的含热量也增加。整个肥育过程中增重成分并非前后一致。前期增重主要是水分、蛋白质和矿物质较多，中期渐减，后期更少；脂肪则相反，前期增加很少，中期渐多，后期最多（占增重的90%）。

活体增重除了蛋白质和脂肪外，还包括矿物质、水分和消化道内容物。蛋白质、矿物质和水可统称为非体脂。活猪的蛋白质含量是相当稳定的，即使是极肥的猪，也不低于14.5%，最瘦的也不超过17.5%。肉用型猪的蛋白质成分在活重20千克时约为15%，增重到100千克时其蛋白质稳定在16%。消化道内容物约占活重的5%。

4. 体脂肪的贮积和分布变化　肥育猪体脂肪主要贮积在腹腔、皮下和肌肉间的中性脂肪。以沉积迟早来看，一般以腹腔沉积脂肪最早，皮下次之，肌肉间最晚；以沉积数量来看，腹腔脂肪最多，皮下次之，肌肉间最少；以沉积速度而言，腹腔内脂肪沉积最快，肌肉间次之，皮下脂肪最慢。腹腔脂肪又分为花油（肠周及网膜贮积的脂肪）和板油（肾周脂肪和内腔及腹壁所贮积的脂肪），贮积的顺序先花油、后板油。皮下脂肪的贮积强度也不一致，一般先从肩部开始，以背腰部为中心，由躯干的背上部再前后推移到整个背部。头部及四肢的皮下脂肪沉积的速度最迟。肌肉的脂肪贮积顺序是肌纤维束到肌纤维间，最后才是肌纤维内。

5. 仔猪相对生长速度快，饲料利用率高　这是商品瘦肉型猪生长的一个规律。为达到预期的肥育效果，我们必须了解这些规律和掌握这些规律，主动而有效地加以利用。可以根据猪不同生长发育阶段和营养需要的特点，采用科学的饲养方式，不断地提高养猪生产水平。

二、肥育猪的饲养方式

饲养方法很多，大致有"吊架子"（或称为阶段饲养法）和"一条龙"（或称为一贯饲养法或直线饲养法）等饲养方式。

1. "吊架子"饲养法　是根据猪的生长发育规律，结合饲料条件所采用的一种饲养方式。把猪的整个肥育期划分为几个阶段，分别给予不同营养水平和管理措施，把精料重点用在小猪和催肥阶段，在肌肉组织生长最旺盛的中间时期即"吊架子"阶段充分利用青饲料或下脚料等。虽然到后期喂给多量的精料，利用猪在中期营养不足而受阻的补偿作用，得到较高的日增重，但增重的内容主要是沉积脂肪。胴体脂肪较多而瘦肉率不高，不能适应市场的需要。而且这种饲养方式，增重缓慢，肥育期长，相应的维持营养的消耗较多，饲料报酬率低，不利于提高肥育猪的出栏率和商品率，经济效益差。

2. "一条龙"饲养法　是按照猪在各个生长发育阶段的特点，采用不同的营养水平和饲喂技术的饲养方式。从断奶到育肥结束，始终采取较高的营养水平，精料搭配比例随日龄和体重的增长而逐渐增加；按照猪不同生理阶段的不同需要，其能量水平逐步提高，而蛋白质水平为前高后低。这种方式饲养出的猪增重快，肥育期短，周转快，出栏率高，饲料利用率高，经济效益好。但胴体背膘较厚，如在肥育后期适当限制能量水平，注意适时屠宰，就可以克服此缺点，有利于促进商品瘦肉型猪的生产。

限制饲养是前期任意采食，后期限制猪的日采食量。

三、提高商品瘦肉型猪的肥育效果的措施

提高商品瘦肉型猪的肥育效果，主要有3个指标：①肥育期短，增重快；②饲料转化率高；③胴体品质好，瘦肉率高。为了达到上述指标，必须采取综合有效的肥育措施。影响肥育效果的因素是多方面的，既有遗传因子，也有环境条件因素，各因素之间既互相影响又相互制约，弄清主要的影响因素和条件，在肥育实践中采取有效措施，对于提高商品瘦肉型猪的肥育效果有着重要的指导意义。

1. 品种和类型 猪的品种和类型对肥育效果的影响很大。需全面了解不同品种和类型猪的肥育特性，选择瘦肉型优良品种猪，采取相应的饲养措施，提高肥育效果。形成不同品种与经济类型的猪的自然条件与培育条件不同，使其经济特性有一定的差别。瘦肉型猪与兼用型猪和脂肪型猪相比，能量和蛋白质的利用率高、饲养期短、增重快、耗料省、屠宰率高。

相同的饲养管理条件下，即使生长速度和增重内容均相同，胴体品质也有差异。用同样的饲料饲喂长白猪和东北民猪，到同一体重屠宰，瘦肉型品种长白猪体长、膘薄、脂肪少、瘦肉多，而偏脂肪型的民猪则体短、膘厚、油多、瘦肉少。

2. 利用引进国外猪种和地方猪种的杂交优势 通过不同品种和品系之间的杂交，利用杂种优势提高经济效益，是当代养猪增效的重要措施之一。有计划地引进国外瘦肉型种猪与本地区地方猪种进行简单二元或三元杂交，既可以利用引进种猪的高生产性能，又可以利用本地猪种耐粗饲、易养、适应性强的优点，选择适合当地条件的优良肉用型品种，选用最优杂交组合的杂种猪肥育，充分利用杂种优势。这种方式不仅能提高猪的繁殖性能、增重速度和饲料利用率，而且也是迅速提高商品猪瘦肉率和产肉量的有效途径。

一般在其他环境条件一致的情况下，杂种猪日增重可以提高10%～20%，饲料报酬可提高5%～10%，胴体瘦肉率可达到50%，三元杂交比二元杂交效果更为显著。

3. 营养水平　营养水平不同，尤其是饲料能量和蛋白质水平不同，对胴体质量的影响亦不同。合理调节和控制饲料营养物质，实行科学饲养，可以提高肥育猪的瘦肉率。

（1）不同营养水平　饲料的组成状态和营养水平的高低对猪的增重和胴体品质有显著的影响。营养水平越高，肥育期越短，饲料利用效率越好，但营养水平过高或过低都无益处。

（2）能量水平　日粮能量水平的高低与日增重、胴体瘦肉率的关系很密切。一般来说，能量摄取量越多，增重越快，胴体脂肪含量越多，而与蛋白质水平无关。能量水平对日增重的影响主要是增加脂肪沉积而引起的。

饲养商品瘦肉型猪，不仅要获得最大的增重，而且要提高瘦肉率。生产中，为防止胴体过肥，应于肥育后期（60千克左右）实行限制饲养，以控制脂肪的大量沉积。但限量应适当，如能量浓度过低，将会导致增重下降。可采用前敞后限的饲养方法，即肥育前期（体重60千克以前）自由采食，后期（体重60千克以后）限制饲料喂量，限食喂量为自由采食量的85%。

（3）蛋白质水平　蛋白质不仅与肥育猪生长肌肉有直接关系，而且对增重亦有重要影响。在一定范围内，猪的肥育速度随着蛋白质水平的提高而加快，蛋白质水平超过18%时，一般认为对增重无效，对提高胴体瘦肉率有作用，可改善肉质，降低肥度。

关于日粮的蛋白质水平，一般按生长肥育猪不同阶段供给不同水平的蛋白质，前期（20～55千克）为16%～18%，后期（55～90千克）为14%～16%。

蛋白质对增重和胴体品质的影响，关键是必需氨基酸的配比。猪需要10种必需氨基酸，缺乏任何一种都会影响增重，特别是赖氨酸必须优先满足。

表 5 - 4　各种氨基酸之间的比例平衡表（以赖氨酸为基准）

氨基酸类别	赖氨酸	蛋氨酸＋胱氨酸	苏氨酸	色氨酸	异亮氨酸	亮氨酸	组氨酸	苯丙氨酸＋酪氨酸	缬氨酸
克（每千克蛋白质中含量）	70	35	42	10.5	38	70	23	67	49
相对百分比（%）	100	50	60	15	55	100	33	91	70

（4）粗纤维水平　猪属于单胃动物，对粗纤维的利用效率很低，但随着猪日龄的增加，利用能力会有所增加。一定条件下，适当增加日粮中青粗饲料比例即粗纤维食入量，可以降低猪能量的摄入量，从而提高胴体瘦肉率。生长肥育猪的日增重和饲料利用率，随着日粮粗纤维含量的增加而下降，而且日粮中粗纤维含量增加 1%，有机物质的消化率相应降低的梯度为 1.698%。幼猪日粮中粗纤维水平应低于 4%，肥育猪不应高于 8%，成年猪不超过 10%。超过最高界限就会降低营养物质的消化利用率，导致肥育期拖长，养猪成本提高。要选用或配制高效的配合饲料，还应重视饲料原料的质量。

4. 性别　猪的公、母性别和去势与否，不仅影响肥育期的增重速度和饲料利用率，而且关系到猪的胴体品质和肥育的经济效益。性成熟晚的国外猪种，在相同条件下，不去势公猪的生长速度比母猪和阉猪快 12%，可是母猪和阉猪的差异却很小。不去势能显著地减少内脂的沉积和皮下脂肪的厚度，并可极显著地提高眼肌面积，提高瘦肉率。

近年来，国内外都主张小母猪不阉，直接用于肥育。但猪的杂交改良程度要高，因为高代杂种猪，性表现和性成熟期都较晚，情期表现也不明显，所以不阉而直接肥育效果较好。

目前公猪不阉之所以行不通，是因公猪内含有睾丸酮、甲基氮苗和甲基吲哚等物质，有膻气，体重越大，猪肉的膻气所占比例越多。

5. 仔猪断奶重　仔猪断奶重与4月龄体重呈显著的正相关，而4月龄体重与后期增重也是呈显著的正相关。需重视并加强妊娠母猪、哺乳母猪的饲养管理，特别要注意加强哺乳仔猪的培育，才能提高仔猪的初生重、断奶体重，为提高肥育效果打下良好的基础。

养好断奶后的仔猪是猪肥育的关键。从断奶到体重20千克左右的阶段是相对生长较快、利用饲料比较经济的时期，必须供给较丰富的蛋白质、维生素和矿物质饲料。做好仔猪断奶工作，把应激减到最低程度。

6. 体重和年龄　猪在正常饲养条件下，随着体重和年龄的增长，单位体重的相对采食量下降，维持饲养所占比例却相对增多。单位增重的饲料消耗量（能值）增多，饲料利用率降低。猪的肥育应争取在短期内（即幼龄时期）达到适宜的经济利用体重，才能收到较好的经济效益。必须掌握每一个品种或杂种猪的适时屠宰出栏期，以达到提高饲料利用效率和不断改善胴体瘦肉率的目的。

7. 环境

（1）温度　瘦肉型猪比脂肪型猪抗寒力差，小猪怕冷，大猪怕热。过冷过热都会影响肥育效果，降低增重速度。温度对脂肪沉积的影响大于对蛋白质沉积的影响，但高温对肌肉影响甚大，肌肉量显著降低。

肥育猪需要的最适环境温度随猪体重存在着差异，体重15～50千克时为20～25℃。以后随着猪体重的增长，所需的温度逐步下降，体重到100千克以上时，可降为15～18℃。应为肥育猪创造适宜的环境温度，做到冬暖夏凉。

（2）湿度　造成猪圈潮湿的原因很多，主要有圈内用水和猪随便排泄粪尿。冬季气温低，蒸发量小，致使圈内长期潮湿。要保持圈内适宜的相对湿度，应减少圈内用水，冬季不用水洗地面，不喂稀料；训练猪定点排泄粪尿。

（3）光照　良好的光照可以加快猪的生长速度，而且体重越小的猪效果越显著。适度的太阳光照能加强机体组织的代谢过程，促进猪的生长发育、提高抗病能力。太阳光照是天然的保健剂和杀菌剂，冬季充分利用阳光尤为重要。对肥育肉猪来说，增加光照能提高胴体瘦肉率。

（4）圈养密度　直接影响猪舍温度、湿度、通风、有害气体和尘埃、微生物变化的含量，也影响猪的采食、饮水、排泄、活动、休息和咬斗等行为。

15～60 千克的肥育猪所需面积为 0.8～1.0 米^2，60 千克以上肥育猪为 1.0～1.2 米^2，每群以 10～20 头为宜。但具体数目还应根据不同的环境条件，如温度、湿度和风力等的变化而有所不同。我国北方地区，平均气温较低、气候较干燥，可适当增加饲养密度；南方夏季，气温较高、湿度大，应适当降低饲养密度。否则，就会影响猪的正常生长速度或发生疾病。

猪栏要设活动隔板或栅栏，可根据猪的发育调节猪栏的大小。同时设置隔离圈，以便收容发育差的猪，集中优厚饲养。

综上所述，商品猪的生产中，为了取得良好的肥育效果，应因地制宜采取防暑保温措施，保持合理的饲养密度，创造适宜的生活环境，加强饲养管理，按照肉用型的营养需要的特点，供给适宜的营养水平，特别是能量和蛋白水平，力求消除各种不利因素的影响，以提高猪的肥育效果，达到最好的经济效益。

四、肥育猪的饲喂技术

1. 提倡生喂　可降低养猪生产成本。玉米、高粱、大麦、小麦等谷实饲料经蒸煮后营养价值降低 10%，尤其是维生素会被破坏，降低氨基酸的有效率。各种牧草、青草野菜、树叶、胡萝卜、甜菜、白菜、萝卜、瓜类及水生植物等青绿多汁饲料，都应经粉碎和打浆生喂，煮熟会破坏维生素，处理不当还会造成亚硝酸盐中毒，造成猪只中毒死亡。

马铃薯、甘薯及其粉渣煮熟喂能明显提高利用率。豆类籽实及其饼类等饲料喂前加工成熟料比生喂利用率高。含有害成分的饲料如棉仁饼、菜籽饼，轻度变质的饲料（含有真菌、霉菌），以及泔水等，煮熟喂能避免或减少中毒的可能性。南方水生饲料，要洗净后饲喂，以防止感染寄生虫，并应给猪按期驱虫。总之，喂猪常用的绝大多数饲料都应当粉碎，配制成全价饲粮生喂。

2. 合理调制饲料　调制的目的是改善饲料的适口性，提高饲料的利用率。对于粗饲料，通过调制可以缩小容积，减少浪费。对于精料除进行粉碎外，还要配制成各种形状，如颗粒料、干粉料、湿拌料和稀汤料等。从生长速度来看，一般颗粒料优于干粉料、湿拌料、稠粥料和稀汤料。稠料中干物质、有机物、粗蛋白质和无氮浸出物的消化率均比稀料高，氮在体内的存留率也高，而氮沉积率的大小直接影响瘦肉率的高低。稀料会减弱咀嚼功能，冲淡消化液，同时也影响饲料采食量，影响增重，容易出现"草包肚"，降低出肉率。湿拌料一般是用 1.0～1.2 倍水将料拌湿，以手握饲料渗出水为宜，有利于食物的吞咽，能较快完成饲喂工作。干粉料可以延长食物在口腔中的咀嚼时间，使食物与消化液充分混合，有利于提高育肥猪的生肉率。

饲养瘦肉型肥育猪应以湿拌料、干粉料或稠粥料代替过去的稀汤料，同时积极发展颗粒饲料。

3. 饲喂量　根据猪不同生长阶段、预期增重来确定。原则上全天饲料分 2～4 次喂给，做到定时定量。对体重 10～20 千克阶段的，日喂量按体重的 6%～5% 计算；20～60 千克阶段的，按体重的 4.5%～4% 计算；60～90 千克阶段的，按体重的 4%～

3%计算。

4. 适当的饲喂方式 猪的饲喂方式，一般分为自由和限量饲喂两种。限量饲喂又分为营养平衡的日粮在数量上限饲和营养不平衡的日粮在质量上限饲（降低营养浓度）两种。

自由采食和限量饲喂对增重速度、饲料利用率和胴体品质有一定影响。自由采食日增重高，胴体沉积脂肪多，每增重1千克消耗饲料也较多；限量饲喂则日增重较低，胴体沉积脂肪少，饲料利用率高，胴体背膘较薄。生产实践中若只追求日增重，则采用自由采食；若追求胴体瘦肉率高，饲料报酬率高，则采用限量饲喂。如果既要求增重最快，饲料报酬最好，又要求胴体脂肪少，这两种饲喂方法结合为好。

目前国内外饲养瘦肉型肥育猪，多采取"前高后低"、"限量饲喂"的方式进行。生长前期（10～20千克）饲料蛋白质水平19%，后期（60～90千克）可适当降低至14%；限饲时间除了考虑沉积脂肪最多的时期外，还应注意在不影响日增重和饲料利用率的时期内进行。育肥猪55～60千克阶段以前让其自由采食不限量，效果较好，可使猪得到充分的发育；55～60千克阶段以后开始实行限量采食饲喂，一般按自由采食量的85%～90%供给，以猪基本吃饱、槽内不剩料为好，限制脂肪过多沉积。这样既可以提高日增重和饲料利用率，也可提高瘦肉率。

限饲的方法有以下多种。

（1）降低日粮的能量浓度，把猪利用率低、纤维含量高的粗饲料配备到日粮中去，以限制其对养分特别是能量的采食量；肥育后期适当减少精料，搭配青粗饲料，1千克配合精料搭配1.5～3.0千克青饲料和0.1～0.2千克粗饲料。也可将糠类、秸秆类等粗饲料粉碎后按15%～20%的比例加入混合饲料中，但日粮中粗纤维含量应控制在10%以下。否则粗饲料掺入过多，会影响增重速度，降低饲料利用率。

（2）采取3天或4天停喂1天。

（3）减少饲喂次数或控制饲喂时间。缺乏青粗饲料的季节，限食后精料减少，又无青粗饲料填充猪的胃肠，极易造成猪饥饿。可将日喂 3 次的饲料改喂 2 次饲喂。

（4）喂自由采食量的 70%～80%。限量饲喂可减少饲料浪费，降低生产成本。

5. 适宜的饲喂次数　饲喂次数要根据猪的年龄和饲粮组成来掌握。小猪阶段，胃肠容积小，消化力差，而相对地饲料需要量多，每天宜喂 3～4 次。中猪和大猪阶段，胃肠容积扩大，消化力增强，可减少饲喂次数。如果饲粮中包括较多的青料、干粗饲料或糟渣类饲料，则需日喂 3～4 次，增加每天采食总量，有利于增重。饲喂要做到定时、定量、定次数，不宜随意变动。养成固定的条件反射，有利于饲料的充分消化和利用。

猪的食欲傍晚最盛，早晨次之，午间最弱，夏季时这种趋向更加显著。生产实践中，限量饲喂条件下，一般每日饲喂 2～3 次较为适当。每天每次的给料量应稳定，不应时多时少。料的给予量比例，以早晨 35%、午间 25%、傍晚 40% 为宜。最后一次，要在日落前后饲喂，量不宜过多。饲料品质应优良，不应有变质、有毒、不卫生的饲料；饲料种类的搭配要保持相对稳定，变化不应太大，要变动也应逐渐增减。

相同营养和饲养管理条件下，不同日喂次数，肥育猪的日增重没有显著差异；每增重 1 千克的饲料消耗也无显著差异。我国饲养肥育猪普遍日喂 3 次，现在有很多猪场和农户采用日喂 2 次的方法。日喂 2 次的时间安排，是清晨和傍晚各喂 1 次，因傍晚和清晨猪的食欲较好，可多采食饲料，有利增重。

6. 供给充足而洁净的饮水　育肥猪的饮水量会随体重、环境温湿度、生理状态、饲粮组成和采食量发生变化，一般春秋季节其正常饮水量应为采食饲料风干重的 4 倍，约为体重的 16%，即每食 1 千克饲料需饮水 4 千克左右；夏季约为 5 倍或体重的 23% 左右，即每食 1 千克饲料需饮水 5 千克；冬季也要供 2～3

倍或体重的 10% 左右的水，即每食 1 千克饲料需饮水 2～3 千克。供猪饮水一般以自动饮水器比较好，或者圈内单独设一水槽，经常保持充足而清洁的饮水，让猪自由饮水为好。

饮水不足会引起食欲减退，采食量减少，致使猪的生长速度降低，脂肪沉积增加，饲料消耗增高，严重者引起疾病。

7. 促生长剂的应用 近年来研制的生长促进剂有营养性的添加剂和非营养性的添加剂。主要作用是刺激肉猪的生长，提高饲料利用率。肉猪生长促进剂包括有抗生素、抗菌药物、激素和酶制剂等。

（1）抗生素 抗生素可以提高生长肉猪日增重，节约饲料，还能减少疾病的发生，尤其可减少生长猪腹泻的发生。以下几种因素可影响抗生素的效果。

①不同生长期：是影响抗生素效果的主要原因。一般猪越小，使用抗生素的效果越好。生长开始阶段（7～26 千克）对抗生素的反应比生长期（17～50 千克）和整个生长肥育期（20～90 千克）都大。

②猪群健康状况：生长慢、发育差的仔猪饲喂抗生素，增重明显提高（16%），而生长发育好的猪群，增重提高较少（9%）。

③环境卫生状况：饲养环境较差的条件下，例如卫生较差或猪群密度大时，补充抗生素的效果较好。即使在同样的猪舍中，转群时未经打扫的猪舍内的仔猪对抗生素的反应也比打扫的反应大。

④抗生素的类型和剂量：抗菌范围越广，促使生长的可能性就越大；大剂量的抗生素比小剂量的反应大。

补充抗生素的具体剂量，取决于抗生素种类、生产阶段和环境条件，应在某个生产阶段做过充分试验与鉴定后使用。应严格遵守停喂期或其他方面的限制。目前国内应用的抗生素主要是土霉素（精制土霉素碱粉），能减少下痢，对气喘病有一定控制或治疗作用，又能刺激生长。其用量在体重 50 千克以前每吨饲料可添加 50 克，体重 50 千克以后每吨饲料添加 30～40 克。添加土霉素碱粉时要充分与饲料混拌均匀。

（2）4-碘苯氧乙酸（P-IPA）　又名增产灵，为白色针状结晶，是非激素生长促进剂。用于肉猪可促进血液中红细胞增数，提高采食量，促进增重。P-IPA 制剂注射、口服两用（吉林省辽源谓津农药厂生产），每毫升含有效剂量 1.8 毫克。肉猪可每月注射 1 次，剂量为每千克体重 0.54 毫克。

（3）喹乙醇（喹酰胺醇）　又称喹酰胺醇，商品名为"倍育诺"、"快育灵"，1976 年欧洲经济共同体正式批准该药为猪的饲料添加剂。哇乙醇是一种淡黄色、结晶粉末，能促进蛋白质合成的同化作用，加速细胞的生长，主要适用于 60 千克以下的幼猪：2 个月内的代乳料中可添加 50～100 毫克/千克；4 个月内的仔猪料中，添加本品 15～50 毫克/千克，宰前 28 天停药。

还具有抗菌作用，抗菌谱广，对致病性革兰氏阳性和阴性菌如多杀性巴氏杆菌、大肠杆菌、变形杆菌以及金黄色葡萄球菌、肺炎双球菌、痢疾螺旋体等都有较强的抑制作用。可以用来预防和治疗某些细菌性疾病，如饲料中添加喹乙醇可以预防断奶仔猪下痢或腹泻。

喹乙醇虽与某些常用的抗生素无交叉耐药性，但不能与杆菌肽锌、恩拉霉素、吉他霉素、维吉尼霉素、硫酸黏杆菌素等同时使用（含饲用）。用于预防时，应严格按《中国兽药典》推荐的喹乙醇混饲浓度使用，切勿随意加大剂量；混饲必须充分搅匀；由于难溶于水，一般不要采用饮水给药。

（4）高铜　铜是许多酶系统所必需的，也是造血和预防营养性贫血的元素。可促进仔猪生长、提高消化率、增加采食量、促进生长激素的分泌和抑菌。高铜促生长作用的效果受其添加水平的影响。

①猪的体重或年龄影响高铜的促生长效果。猪龄越小添加效果越好。建议在体重 60 千克以前的猪使用高铜作为促生长添加

剂，添加量一般为 150～250 毫克/千克。

②随着日粮中含铜量的增加，铁和锌的含量亦应相应增加，避免发生中毒；也应适当增加维生素的添加量，弥补被矿物元素破坏的维生素。

③铜与抗生素有协同作用。抗菌促生长方面，尽管高铜和抗生素作用颇为相似，但两者并用比单独使用能获得更好的生长性能。高铜与如下抗生素并用还能获得更好的增重：青霉素、泰乐菌素、喹肼酯加巴多、金霉素-磺胺二甲嘧啶-青霉素、泰乐菌素-磺胺二甲嘧啶等。

④有机铜代替无机铜。高剂量铜在应用的同时会造成大规模的环境污染。为更加合理有效地使用铜促生长剂，使用碱式氯化铜、氨基酸螯合铜等有机铜替代硫酸铜，可保证在铜盐促生长效果前提下大幅度降低饲料中铜的添加量，从而减少甚至消除粪便中铜对环境的污染。

五、肥育猪的管理

1. 合理分群　具有一定规模的肥育猪场或养猪专业户，都是按批量生产和出栏的方式饲喂，大都采用群饲，既可充分利用猪舍建筑面积和设备，提高劳动生产率，降低养猪生产成本，又可利用猪群同槽争食，增进食欲，提高增重效果。但群饲常发生争食、咬架等情况，影响采食和增重。为减少强欺弱和咬架等现象发生，合理分群成为肥育猪管理的重要环节。

全进全出制，即原窝（原群）保持不变；外购时由于猪来源不同，应把来源、体重、体质、性格和吃食等方面较近似的猪合并在一起饲养。

（1）分群原则　根据猪的生物学特性，坚持留弱不留强、拆多不拆少、夜并昼不并的原则。把较弱的仔猪留在原圈不动，把体质较好的仔猪并入他群；把数量少的群留在原圈不动，而把数量多的群并入他群；合并工作最好在夜间进行。有条件时，可预先在需要合并的猪身上喷洒一些药水（如臭药水等），使小猪彼此不易分辨，减少小猪争斗的机会。另外，分群时，除考虑性别外，应把来源、体重、体质、习性和吃食等方面相近的猪合群饲养。同群猪体重不宜相差大大，小猪阶段体重不宜超过 5 千克，后期阶段以不超过 10 千克为宜。并加强合群并圈后的管理、调教和调整工作，尽量避免或减少咬斗的发生。一旦分群后，宜保持猪群的相对稳定，一般不要任意变动。但因疾病或体重差别过大、体质过弱而不宜在群内饲养的，应及时加以调整。

（2）猪群大小　应根据猪的年龄、猪舍设备、圈养密度和饲喂方式等因素而定。猪群中猪的数目将直接影响猪群次序的建立。数量过多，猪群次序（猪群次序系指猪吃食和躺卧顺序等）不易建立，即使建立了也很不稳定，经常出现猪争斗的现象；数目过少，则失去了组群的意义。一般限制饲喂时以每群 10～20 头为宜，最好不超过 30 头；舍内饲养舍外排粪尿的密集饲养条件下，每群以 45～50 头为宜；或在自由采食情况下，每群可增至 50 头。

2. 创造适宜的居住环境　肥育猪生产过程中，除了重视猪的品种、饲料饲喂方式以及疾病的防治外，还要力求创造适宜肥育猪生长的清洁干燥、空气新鲜的环境卫生，保证猪只的健康，避免疾病的发生。

（1）训练三点定位的习惯　为保证圈舍清洁干燥，猪只上圈时应及时调教。对刚刚转入新育肥舍组群的猪进行训练，固定地方排粪、排尿、吃食、饮水、睡觉，便于进行日常的管理。

（2）进猪之前的防疫与消毒　对猪舍、猪栏、地面、墙壁等用具要进行彻底的清洗消毒。彻底清扫猪栏内的粪便、便槽等污物，用水洗刷干净后再用 2%～3% 的火碱水溶液喷洒消毒。墙壁也可用 20％的石灰乳粉刷，检查设备完好，等待进猪。

（3）进猪后的防疫与消毒　严格执行防疫制度，猪舍每天要打扫干净，经常消毒，每隔 10～15 天用药液喷洒消毒。定期用百毒杀等对猪只进行带猪消毒，预防疾病的发生。防止闲杂人员在猪圈内乱串，饲养员和工作人员的衣服要经常清洗和消毒。

3. 适当运动　肥育猪在幼猪阶段需要适当运动，以便促进猪体的新陈代谢，锻炼各器官、组织的活动功能，有利于增进食欲和肌肉、骨骼的生长发育，提高健康水平；同时可能避免过早的脂肪沉积。为了降低热量散失，提高饲料的转化率，肥育后期应适当限制运动，以利于生产优质胴体。

4. 去势和驱虫

（1）去势　我国猪种早熟易肥，若猪肉有腥味，则会降低肉的品质，影响胴体等级和销售价格。如果母猪不阉割，就会每隔 20 多天发情 1 次，影响增重。育肥用的公仔猪应于 7～15 日龄，母仔猪应于 23～30 日龄去势。

（2）驱虫　仔猪一般在哺乳期易感染体内寄生虫，以蛔虫感染最普遍。感染寄生虫对幼猪危害大，患猪生长缓慢、消瘦、贫血、被毛蓬乱无光泽，严重时增重速度降低 30％以上，甚至形成僵猪。为此在整个肥育期间应驱虫两次，第一次在断奶后的 20～30 天进行，常用药物有虫克星，注射或饲喂均可。也可用左旋咪唑、丙硫咪唑、伊维菌素等药物。驱虫后及时挑出虫体，清除粪便，粪便堆积发酵以杀死虫卵。整个肥育期最好驱虫 2 次，肥育前进行第 1 次驱虫，体重达 50 千克左右时再驱虫 1 次，以提高肥育猪的增重和饲料利用率。

驱虫健胃：驱虫后 2～3 天，可用碳酸氢钠 15 克，在早晨喂猪时拌在饲料中饲喂，隔 1～2 天，按每千克体重 1 片大黄苏打片，分 3 餐喂给，第 2 天改喂酵母粉，10 克/次，连用 2 天，或使用其他健胃药。

体外寄生虫以疥螨为常见。对猪的危害比较大，病猪生长缓慢，甚至成为僵猪，病部痒感剧烈，常用患部摩擦墙壁和圈栏，有时摩擦出血甚至脱毛结痂。治疗的方法有很多，常用1％～2％的敌百虫溶液喷洒猪体表面或擦洗患部，几次后即可痊愈。

5. 预防接种 对猪瘟、口蹄疫和蓝耳病等传染病要进行预防接种。自繁自养的猪场可以按照免疫程序进行预防接种，对于外购仔猪进场后，一般为安全起见要全部进行一次预防接种。接种疫苗时要按照疫苗标签规定的剂量和要求操作，同时注意疫苗的保存和接种反应。免疫程序见表5-5。

表5-5 商品猪必需的免疫程序

疫苗种类	免疫日龄	免疫剂量
猪瘟弱毒苗	20日龄	4头份颈部注射
高致病性猪蓝耳病灭活疫苗	25日龄	肌内注射2毫升（4周后重复免疫1次）
口蹄疫灭活疫苗	28～35日龄	肌内注射1毫升
猪瘟弱毒苗	60日龄	4头份肌内注射
口蹄疫灭活疫苗	60日龄	肌内注射1毫升

6. 管理制度化 瘦肉猪对饲养管理条件要求较高。管理要制度化，饲养过程中要求饲养人员认真负责，按规定时间给料、给水、清扫粪便，并观察猪群的食欲、采食、饮水、精神、粪便有无异常，对不正常的猪要及时诊治。要建立一套周转、出售、称重、饲料消耗和治疗等的记录。

7. 原窝育肥（或原圈育肥） 原窝（圈）育肥是指仔猪断奶时把母猪迁走，把全窝仔猪留在原圈饲养。这种育肥方法的好处是，猪群已形成的自然次序得到保留，受外界环境刺激少，使猪能保持正常的生长。

8. 阶段的过渡 每阶段换料时都要有3～5天的过渡，使猪只能够逐渐适应，否则会因突然换料而使猪的食欲下降，采食量减少，从而影响日增重，降低经济效益。

9. 适时出栏　瘦肉型育肥猪何时出栏屠宰，对其增重速度、瘦肉率、饲料报酬和经济效益影响很大，从增重速度看，60～90千克阶段时，日增重一般随体重的增加而提高，超过 100 千克时，日增重开始下降；从胴体瘦肉率来看，猪的体重越大，瘦肉率越低，60～110 千克阶段，体重每增加 10 千克，瘦肉率降低0.5 个百分单位左右；从饲料报酬看，猪的体重越小，饲料报酬越高，虽然瘦肉率和饲料报酬较高，但肉质品质欠佳，屠宰率低，综合经济效益低。兼顾日增重、瘦肉率、饲料报酬、肉的品质和经济效益综合指标，瘦肉型育肥猪的适宜屠宰体重以 90～100 千克为宜，最多不要超过 110 千克。

另外，养猪生产中，为了加强安全性，管理中须遵守猪场的参观程序。尤其在猪场无法避免上级和朋友的检查和来访参观的情况下，猪场管理者需制订科学合理的规章制度，要求参观者严格执行。参观的顺序也要讲究科学，从最脆弱、最干净的区域开始，一般来说，按产房到保育室的顺序参观，种猪区域一般不参观。

生产中应坚持全进全出制度，这是现代养猪业成功的关键。猪舍内外净道与污道分开，走过污道后绝不在没消毒的情况下走净道。舍与舍之间要有专用的转猪通道，转猪前后都要对通道、猪只、猪舍充分消毒。有条件的可以在母猪从妊娠舍转入产仔舍前过一通道，上有淋浴、下有温水池，最好有人按摩刷拭其身上的污物和消毒。将产期接近的母猪（一般是一周内的预产期）安排于同一产房内，断奶时一起转走，做到彻底消毒，断奶后几乎同期发情，一般 3～7 天能发情配种，以便于操作和管理，以及返情观察。这样操作同批母猪又进入下一次循环，断奶猪只统一进入保育舍，保育结束后又一起进入育肥舍，各个舍的大小配套，流水化生产，各阶段都实行全进全出。而且，由于猪只日龄接近，应激小，少得病，即使得病也较为单一，诊断和治疗都相对容易。实际生产中，许多猪场由于规模不大，或者各阶段大小不配套，无法全进全出，但至少要保证同一栏内和相近栏内猪只体重日龄接近。避免为了节约空间，将日龄差异太大的猪只混养在一起，甚至将僵猪也关在一起，造成猪只短时间可能不发病，时间一长就暴发，而且病情会很复杂的状况。

第六章

瘦肉型猪安全生产的
疾病防制

第一节　猪的腹泻性疾病

一、疾病特点

猪腹泻疾病以消化道感染为特征，以仔猪的症状最严重，表现为不同类型的腹泻（水样、黏液状、带血样），呕吐和高度脱水，幼龄猪死亡率很高；仔猪腹泻普遍存在，传播迅速；交叉混合感染多，给诊断和防治带来困难；康复后的猪生长发育出现障碍；细菌性腹泻在药物治疗不合理时容易发生抗药性和病程拖长；猪腹泻疾病的发生与诱因有很大关系。

二、发病原因

1. 非传染性因素

（1）饲料营养　饲料缺乏将影响猪的正常发育，引起机体的抵抗力下降，导致机体易受外界因素影响，引起消化不良和腹泻。

（2）气候的变化　特别是幼龄仔猪，在冬、春季节保温不良情况下，容易引发腹泻。

（3）饲养管理不当　仔猪大小没有分开饲养，小的往往吃不饱，如时间一长，猪变瘦弱，在受到外界应激因素影响时会引起

第六章 瘦肉型猪安全生产的疾病防制 >>>

腹泻。另外，饲喂过程中不定量，饱饿不均，也会引发腹泻。

（4）**环境卫生差** 猪圈粪便不及时处理，造成猪舍氨气浓度升高，猪长期在这样的环境中活动，容易感染某种细菌或病毒而发生腹泻。

非传染性腹泻的特点：除饲料因素可导致群发性腹泻外，其他原因往往属于散发，病猪和健康猪之间没有传染性，如将病因解除或及时对症治疗，可以康复，其死亡率一般不高。

2. 传染性因素 这类腹泻一般是由于感染某种病原微生物而引起的，具有传染性。传染性疾病包括细菌性感染如大肠杆菌病、沙门氏菌病、猪魏氏梭菌感染（猪红痢）、猪痢疾等；病毒性感染有猪传染性胃肠炎、猪流行性腹泻、轮状病毒感染、圆环病毒感染；全身性感染并有腹泻发生的如猪瘟、仔猪伪狂犬病，还有体内寄生虫病。

传染性腹泻疾病分为两种类型：一是原发性肠道病原，此病原在肠道定居繁殖，引起肠炎和腹泻。二是全身性感染，其病原经血液循环侵害肠道引发腹泻（继发性腹泻病原）。

三、流行特点、症状和病理变化

1. 猪大肠杆菌病 对集约化养猪的危害日益明显，也是规模化猪场仔猪腹泻的重要病原之一。其中的一部分通过菌毛黏附因子与宿主上皮细胞受体结合后，不易被宿主清除，是致病作用的关键，大肠杆菌定植后开始大量增殖。还有大肠杆菌产生外毒素，使肠黏膜细胞分泌亢进，发生腹泻和脱水。大肠杆菌引起仔猪腹泻有黄痢和白痢两种。

（1）**仔猪黄痢** 潜伏期短，生后 12 小时内即可发病。常发生于生后 1 周内，一般 1～3 日龄发病最多，而且死亡率高。7 日龄以上很少发生。

本病的发生与产房卫生条件及保温性能有密切关系。如果产

167 >>

房卫生条件差，母猪的粪便污染严重，母猪乳头不洁，加上产房保温不好，极易诱发黄痢。仔猪出生时正常，短者 1 天内，会排出黄色浆状稀粪，内含凝乳小片，仔猪很快消瘦、脱水，继而出现昏迷而死亡，接着同一窝其他猪也相继拉黄痢。死亡高峰 1～3 日龄，5 日龄以后拉黄痢死亡率不高。

死亡仔猪剖检见尸体脱水严重，肠道膨胀，含有黄色液状内容物和气体，十二指肠段有弥漫性出血，空肠、回肠次之。肠系膜淋巴结出血。有的见肝和肾有坏死地方。

（2）仔猪白痢　多发生于 10～30 日龄仔猪，以 2～3 周龄者居多，而病死率较低。一窝仔猪中发病呈相继性，如体格强壮者不发病，在不同窝仔猪中有的窝发病较多，有的窝不发病，此病拖延时间较长。

仔猪白痢与诱因也有密切关系。如母猪奶水不足，仔猪吃不饱；或母猪喂得过好，饲料脂肪含量过多，乳汁过浓，仔猪易感口渴，易吃污染尿粪水。另外，气候骤然变化也会诱发白痢病。

仔猪突然发生腹泻，排出乳白色或灰白色的浆状、糊状粪便，具有腥臭味，病猪食欲减退、逐渐消瘦，胃寒、拱背和呆立，皮毛粗乱。病程一般 1 周左右，大部分能自行康复，很少死亡，但发育迟缓。

死亡仔猪剖检见尸体外表苍白，消瘦，肠系膜淋巴结轻度肿胀，肠黏膜卡他性炎症，有多量黏液性分泌物。

治疗：痢菌净，每千克体重 5 毫克，口服或注射，每天 1～2 次。或链霉素，每头仔猪 150～200 毫克，灌服，每天 2 次，连用 2～3 天。或新霉素，每千克体重 15～25 毫克/日，分 2～3 次内服。或黄连素注射液，每头仔猪 60～100 毫克，肌内注射，每天 2～3 次，连用 2 天。或诺氟沙星，每千克体重 4～8 毫克，内服，每天 2 次。

2. 仔猪红痢　是由 C 型产气荚膜梭菌引起的，1 周龄仔猪高度致死性的肠毒血症。C 型产气荚膜梭菌又称魏氏梭菌，能产

生 α、β 毒素，特别 β 毒素，可引起仔猪的肠毒败血症、坏死性肠炎。广泛存在于自然界，通常存在于土壤、饲料、粪便及人畜肠道中，菌体未形成芽孢时，抵抗力不强，但形成芽孢后，对热、干燥以及消毒剂的抵抗力较强。

　　本菌常存在于一部分母猪肠道中，随粪便排出而污染猪舍环境或污染哺乳母猪乳头和垫料。若仔猪出生后不久吸吮被本菌污染的母猪的奶，本菌会进入仔猪空肠繁殖，侵入绒毛上皮组织，沿基膜繁殖扩张并产生 β 毒素，使受害组织充血、出血和坏死。本病主要侵害 1～3 日龄仔猪，1 周龄以上仔猪很少发病。在同一猪群各窝仔猪的发病率不同，最高可达 100%，病死率一般为 20%～70%。

　　成猪肠道含有本菌，污染土壤、下水道，且存在于尘埃中，这给根除本病带来一定难度。猪场一旦发生本病，不易清除。

　　仔猪红痢最急性型在出生后 1 天内就可发病，症状多不明显，只见仔猪后躯沾满血样稀粪，病程短促，很快处于濒死状态。急性型最常见，病猪排出红褐色液状稀粪，含有少量灰色组织碎片，病猪日益消瘦和虚弱，一般在 2～3 天死亡，致死率可达 100%。

　　剖检病变主要在空肠，可见空肠呈暗红色，肠腔内充满含血的液体，空肠绒毛坏死。肠系膜淋巴结呈鲜红色。病程长的以坏死性肠炎为主。黏膜有黄色或灰白色坏死性伪膜，容易剥离，肠腔内有坏碎片。脾边缘有小点状出血，肾呈灰白色。腹水多成血性。

　　治疗：由于该病的病程太急，发病后用药物治疗效果不佳。可在仔猪出生后用抗菌药物进行预防性口服。如每头仔猪用青霉素 6 万～8 万单位，链霉素 100～200 毫克，在仔猪出生后、吃初乳前一次内服，具有较好的预防效果。

　　3. 猪痢疾　又称血痢。是一种危害严重的肠道传染病，由猪痢疾蛇形螺旋体引起。猪痢疾蛇行螺旋体存在于猪的病变肠段黏膜、肠内容物和粪便中，严格厌氧。该菌对外界抵抗力较强，在土壤中（4℃）能存活102天，对消毒药抵抗力不强。

自然流行仅见于猪，7～12周龄猪发病较多，发病率为75％，病死率25％～50％。病猪和带菌猪是主要传染源，康复猪带菌率很高，可长达数月。健康猪吃了被污染的饲料、饮水而感染。长途运输、拥挤、气候变化和环境卫生条件差都可诱发本病。流行无明显季节性，但流行过程较缓慢，持续时间较长，往往可反复发病。

潜伏期3天至2个月，自然感染多为1～2周。最急性病例往往突然死亡，随后出现病猪，具有特征症状，开始粪便变软，表面附有条状黏液，接着迅速下痢，含有大量黏液或血丝，后来粪中充满血液并有纤维素性渗出物碎片。有的病猪出现水泻，或排出红白相间胶冻物或血便。病猪臀后部有粪水污染，弓腰缩腹，迅速消瘦，起立无力，极度衰弱，最后死亡。

亚急性和慢性病例症状较轻，粪便常含有均匀的暗黑色血液，俗称黑粪。病期较长，表现反复下痢。病猪消瘦，贫血，生长发育受阻，成为僵猪。

病变局限于大肠、回盲结合处。大肠黏膜肿胀，并覆盖着黏液和带血块的纤维素。大肠内容物软而稀薄，并混有黏液、血液和组织碎片。随病情发展，大肠黏膜表面坏死形成伪膜，剥去伪膜露出浅表糜烂面。在黏膜表层及腺窝内可见数量不等猪痢疾蛇形螺旋体，急性期数量较多，有时密集呈网状。

治疗：对病猪在隔离的条件下进行治疗。①痢菌净，每千克体重5毫克，口服。每天2次，连用5天。②林可霉素，每千克体重10～15毫克，口服，每天3～4次，5～7天1个疗程。③泰乐菌素，每千克体重2～8毫克，肌内注射。每天1次，连用3～5天。

4. 仔猪副伤寒　又称猪沙门氏菌病，是由沙门氏菌引起的一种传染病。6月龄以下的仔猪多发，且以1～4月龄者居多，20日龄以内和6月龄以上猪极少发生，多呈散发。密集饲养、环境卫生条件差、潮湿各种应激因素以及其他病毒感染（常与猪瘟病毒并发或激发感染）都可引发此病，流行病猪和带菌猪是主要传染源。健康猪通过被污染的饲料、饮水经消化道传染。

急性败血症，病猪体温升高，呼吸急促，耳、四肢、腹下部皮肤有紫色、红色斑点，后期间有下痢，经过 1～4 天死亡。有时后躯麻痹。

亚急性和慢性型，与肠型猪瘟症状很相似，可见病猪寒战，喜钻草窝或堆叠一起，眼有脓性分泌物。初期便秘，后下痢排出水样黄色恶臭粪便，很快消瘦。部分病猪在后期出现弥漫性湿疹，小猪生长发育不良，被毛粗乱、污秽。

亚急性和慢性型特征病变为坏死性肠炎，见大肠、盲肠、结肠、回盲瓣附近的黏膜增厚，黏膜上覆盖一层弥漫性坏死，并形成糠麸样物质，剥开见底部红色、边缘不规则的溃疡面。有时也见到肺炎病变，脾稍肿大，肝可见黄灰色坏死点。

治疗：发生仔猪副伤寒后，应立即隔离病猪，病死猪应执行无害化处理，及早进行治疗。常用的药物使用方法：磺胺二甲氧嘧啶，首次每千克体重 0.14～0.2 克，维持量为每千克体重 0.1 克，内服，每天 1～2 次，连用 7～10 天。土霉素，每千克体重 10～25 毫克，内服，每天两次，连用 3～5 天，肌内注射也可以。

5. 猪传染性胃肠炎　是由冠状病毒引起的一种高度接触性肠道疾病，10 日龄以内仔猪病死率很高。病原体属冠状病毒属，不耐热，在阳光下暴晒 6 小时即被灭活，紫外线能使病毒迅速灭活。

除猪以外，其他动物只感染不发病，病猪和带毒猪通过粪便、呕吐物、乳汁、鼻分泌物排出病毒污染环境。本病流行有三种形式：一是流行性，多见于新疫区，常见于冬春季节，10 日龄内仔猪病死率很高。二是地方流行性，多发生于疫区。猪场不断增加易感猪或哺乳仔猪母源抗体低，发病率死亡率相对较低。

三是周期性地方性流行，在流行间隙期间，这种病毒会重新侵入猪场引起猪群重新感染，在这种情况下，无免疫力哺乳仔猪和断奶仔猪常受到感染。

本病流行有明显季节性，发病高峰在 1～2 月份。这种病毒常与大肠杆菌和轮状病毒混合感染，而导致哺乳仔猪和断奶仔猪死亡率增多。

潜伏期很短，一般为 15～18 小时，传播迅速。仔猪突然发病，首先表现呕吐，继而发生水样腹泻，为黄色、绿色和白色，常夹有未消化的凝乳块，腥臭。病猪极度口渴，明显脱水，眼下陷。腹部、耳尖及肛门皮肤发紫。如母猪奶不足，小猪得不到足够乳汁，会使病情加重。日龄越小，死亡率越高，一般在发病 2～7 天内死亡。育肥猪、母猪症状较轻，个别猪出现呕吐，排出灰色、褐色水样腹泻，呈喷射状，5～8 天腹泻停止而康复。无并发症，极少死亡，也有些母猪无症状。耐过仔猪因生长发育受阻而成僵猪。青年猪几乎全部发病，水样腹泻，个别猪呕吐、厌食。哺乳母猪腹泻，泌乳减少，从而加速哺乳仔猪死亡。

尸体明显脱水，主要病变在胃和小肠，胃内充满凝乳块，胃底黏膜充血、出血，肠内充满白色或草绿色液体，含有气泡和未消化的凝乳块。肠壁非常薄、缺乏弹性，淋巴结肿胀。小肠绒毛短和萎缩，肠上皮明显变性。

治疗：目前尚无特效的治疗方法，对发病猪群可采取下列方法。①严格执行卫生防疫制度。②使用疫苗。③发病后立即隔离病猪，彻底消毒。④对发病仔猪，可提高温度（最好 32℃ 以上），保持环境干燥，补给充足的电解质和葡萄糖，起到补充营养，防止脱水、酸中毒的作用，并可投给敏感抗生素以控制继发感染。

6. 流行性腹泻 猪流行性腹泻病毒是冠状病毒属，属于一种急性接触性肠道传染病。各种年龄的猪都能感染本病，而哺乳仔猪、架子猪或肥育猪发病率很高，哺乳仔猪受害最严重。母猪发病率变动较大。本病多发生于寒冷季节，在我国从 12 月至翌年 1 月发生最多。

仔猪的潜伏期为 8～24 小时，育肥猪约 2 天。主要症状为水样腹泻，呕吐多发生于吃食或吃奶后。1 周龄内仔猪发生于腹泻后 3～4 天，出现严重脱水而死亡，死亡率可达 50%。母猪有厌食和持续腹泻，约 1 周逐渐恢复正常。架子猪和肥育猪发生腹泻，1 周后康复，死亡率 15%～3%。成年猪仅出现呕吐，重者有水样腹泻，3～4 天自愈。

病变仅限于小肠，肠管胀满、扩张，内充满黄色液体，肠壁变薄，肠系膜淋巴结水肿，小肠绒毛变短或萎缩。

治疗：目前本病尚无食疗方法，也无有效的疫苗，饮水疗法有良好的效果。即猪腹泻期间，可以不喂或少喂，但必须保证饮水。①在 1 000 毫升水中加入葡萄糖 20 克、氯化钠 3.5 克、碳酸氢钠 2.5 克、氯化钾 1.5 克，且冬季饮温水比较适宜。②对病猪采取对症治疗，如投服收敛止泻剂，适当应用抗生素药物防止细菌继发感染。

7. 轮状病毒感染　是由轮状病毒引起多种幼龄动物的一种急性肠道传染病，以腹泻和脱水为特征。病毒主要存在于肠道内，随粪便排出体外污染环境，经消化道感染；在外界环境中抵抗力较强，在 18～20℃ 的粪便和乳汁中，能存活 7～9 个月，加热至 56℃ 经 1 小时不能被灭活。

本病传播迅速，多发生于晚秋、冬春季节。仔猪缺乏母源抗体，在出生后几天感染且症状严重，病死率可高达 100%。如有母源抗体保护，1 周内仔猪一般不感染。10～21 日龄哺乳仔猪症状轻，腹泻 1～2 天即康复。断乳仔猪死亡率一般 10%～30%，严重者可达 50%。

潜伏期 12～24h，8 周龄以内仔猪，发病率一般在 50%～80%，病猪不愿走动，常出现呕吐，迅速发生腹泻，粪便呈水样或糊状、色黄或暗黑，腹泻越久，脱水越严重。如果气候变化、保温不好或继发大肠杆菌病，则会使病情加重、病死率增多。

病变主要限于消化道。胃迟缓，内充满凝乳块和乳汁；小肠壁变薄、半透明，内容物呈液状、灰黑色；小肠绒毛变短，肠系膜淋巴结肿大。

治疗：①发现病猪，立即进行隔离，放在干燥温暖的猪舍内，加强护理，尽量减少应激因素，及时清除粪便及其污染的牧草，及时对被污染的环境和用具进行消毒。②给病猪口服葡萄糖盐溶液会收到良好的疗效，同时进行对症治疗，投服止泻剂，使用维生素及磺胺类药物，以防止继发感染。③静脉注射5%葡萄糖盐水和5%碳酸氢钠溶液，可防止脱水和酸中毒。

8. 圆环病毒感染　是由圆环病毒引起猪的一种新的传染病。主要侵害断奶后仔猪，表现为体质下降、消瘦，腹泻和呼吸困难，又称为猪断奶后多系统衰弱综合征（PMWS）。

本病分布很广，猪群血清阳性率达20%～80%。主要感染断奶后仔猪，一般多发生于断奶后2～3周和5～8周仔猪，哺乳仔猪很少发病。断奶后仔猪感染后引起多系统进行性功能衰弱无力，有20%病例出现贫血和黄疸，具有诊断意义。

剖检见尸体消瘦，不同程度贫血和黄疸，淋巴结肿大4～5倍，胃在靠近食管区有大片溃疡，盲肠和结肠黏膜充血和出血，少数病例盲肠壁水肿、明显增厚，肾苍白、有散在白色病灶。

治疗：本病没有特效的治疗方法，可用抗生素治疗防止其他传染病的并发感染。主要还是靠采取隔离、消毒等综合性防疫措施。

四、诊断

猪腹泻疾病在临床症状上很相似，难于区别。诊断时应深入进行流行病学调查，并结合症状和病变进行综合分析后作出初步诊断。

1. 初步诊断

（1）从发病年龄进行分析　仔猪黄痢和仔猪红痢主要侵害 1 周以内的仔猪，1 周以上发病较轻。而白痢病多发生于 2～3 周的仔猪。猪副伤寒多发生于 6 月龄以下仔猪，1～4 月龄仔猪最易感。猪痢疾发生于 7～12 周龄仔猪，流行性腹泻（PED）和传染性胃肠炎（TGE）各种年龄均可发病，PED 发病率很高，死亡率较低。TGE10 日龄仔猪死亡率高。肥育猪、母猪症状轻，发病率没有 PED 高。圆环病毒感染多发生于断奶后 2～3 周和 5～8 周的仔猪。

（2）从腹泻的色泽和性质分析　仔猪黄痢排出粪便为黄色浆状，内含凝乳碎片，而红痢和痢疾，排出粪便带血。白痢拉乳白色浆状和糊状粪便，有腥臭味。仔猪副伤寒拉灰色稀粪、恶臭。流行性腹泻拉灰色水样稀粪，传染性胃肠炎有呕吐，排出灰色、绿色稀粪，夹有未消化凝乳片。

（3）从流行季节分析　传染性胃肠炎和流行性腹泻有明显季节性，一般多发生于冬春季节，其他几种腹泻疾病没有明显季节性。

2. 实验室诊断

（1）病原分离和鉴定

1）细菌学检查　病料一定要新鲜，不要冻结，尽快进行分离培养。

①分离培养：依据怀疑由某种病原引起的腹泻疾病来选择培养基。例如大肠杆菌和沙门氏菌可选用鉴别培养基，常用的有 S.S 培养基、麦康凯和远藤培养基。含杂菌多的病料可选用增菌培养基，如亮绿—胆盐—四硫黄酸和亚硒酸钠培养基，它可抑制杂菌生长，然后挑取培养基中菌落再接种于鉴别培养基。

仔猪红痢和猪痢疾的病原均为厌氧菌，应采用厌氧培养。而猪痢疾蛇形螺旋体对培养基要求较严格，用酪蛋白胰酶大豆琼脂培养基，加入 $5\%\sim10\%$ 牛或马血液，在一个大气压，$80\% H_2$

和 20%CO_2，以钯为催化剂的厌氧罐内培养，在 37～42℃培养 6 天后，在鲜血琼脂可见明显 β 型溶血。

②生化特性：取纯培养物进行生化试验，可根据各种细菌对生化试剂反应的不同加以区别。

③毒素检验和致病性试验：有些细菌可产生毒素，如仔猪红痢，可取空肠内容物离心过滤，取过滤液接种小鼠，另一组将滤液与 C 型魏氏梭菌抗毒素混合，作用 40 分钟后接种小鼠，如第一组小鼠迅速死亡，而加入抗毒素一组小鼠存活，则可确诊。猪痢疾可作肠致病性试验，取肠内容物口服感染健康猪和结肠结扎试验，若 50%猪发病，结扎肠段渗出液增多，含黏液纤维性蛋白和血液，肠黏膜肿胀、充血和出血，肠内容物抹片镜检测可见蛇形螺旋体，可作出确诊。

2）病毒学检查

①病毒分离与鉴定：怀疑由病毒引起的腹泻疾病，可按照不同病毒采用所适宜的细胞或组织制备细胞培养基进行病毒分离，如发现有细胞病变，取培养物感染仔猪，并出现与该病相似的临床症状和病变。同时取培养物与该病毒的抗血清作中和试验，出现病毒被中和，以上两种结果均可作出确诊。如轮状病毒引起仔猪腹泻，可直接取肠内容物经超速离心，作电镜检查，如发现有轮状病毒粒子，则可确诊。

②荧光抗体技术：取病变的细胞或病猪的肠刮削物抹片，也可取肠管做冰冻切片，经直接或间接荧光染色，在荧光显微镜下观察病毒抗原，即可确诊。

（2）血清学诊断 是动物传染病学最常用的诊断方法。由于抗原与相应抗体结合具有高度的特异性，所以可用已知抗原检测抗体，也可以用已知抗体测抗原。生产实践中常用于流行病学调查，病猪群的检疫。其方法很多如凝集试验、琼脂扩散试验、补体结合试验、中和试验、ELISA 等。

近几年生物技术发展很快，多以微量、快速、敏感、特异性强的特点，应用于动物传染病的诊断。如 RT‐PCR、原位核酸杂交、核酸探针等。这些方法也可用于病毒和细菌的分型和快速诊断。

五、防制措施

1. 环境的控制和净化　带菌猪和病猪排泄物中含有大量病原菌，并不断排出污染环境，如果不注意环境控制和净化，其污染源长久存在于环境中，出现交叉及反复感染的机会，最后必定造成抗生素治疗效果欠佳，带来负面影响。

（1）细菌对某种抗生素产生抗药性，不断出现抗药性的菌株，这些菌株又感染猪，并反复通过肠道排泄物污染环境，使原先有疗效的抗生素变得无治疗效果，给今后防治带来困难。

（2）长期使用过量抗生素，使动物产品抗生素残留超标，直接危害人类健康。

在建造猪舍时，可将排尿和粪便系统分开，及时将不含尿水的粪便集中起来，经发酵后制造有机肥料，可避免粪便直接污染大田。尿水经独立排污渠道排到污水处理池，经化学或微生物降解之后排放，这样可使猪舍始终保持清洁干燥，再配合消毒达到环境净化的目的。另外，还可适当配合一些药物治疗。

2. 药物防治　细菌性的腹泻，及时应用敏感的抗生素进行治疗，配合环境消毒切断污染源污染环境，一般经 1～2 个疗程可获得效果。抗生素治疗时应掌握以下几项原则。

（1）筛选对该细菌敏感的抗生素。为取得有效治疗，应做药敏试验。可选用 2～3 种敏感抗生素，在不同疗程中交替使用，以延长抗生素使用的周期。避免使用单一抗生素，在一定时间内容易使细菌产生抗药性，影响治疗效果。

（2）治疗时使用的抗生素剂量要足。剂量不足只抑制一部分细菌，还有的细菌达不到很好的抑制作用，使细菌产生变异，也易出现变异菌株和抗药性。

（3）按该抗生素治疗疗程，必要时可连续治疗2个疗程，其疗效更为理想。很多养殖者为节省财力，治疗1～2天见有了效果就立即停药，没有按疗程使用，结果停药后，病猪又出现腹泻，这时再用同样抗生素和剂量治疗，往往没有第一次理想，有的还会出现治疗无效。

（4）两种抗生素联合使用一定要注意配伍禁忌。如青霉素和链霉素合用，可增进疗效。而青霉素与氯霉素合用常产生颉颃作用，不但不能提高疗效，反而影响疗效，更容易产生抗药性。

（5）用抗生素时，饮水中不能加入高锰酸钾（一种氧化剂），否则会影响抗生素治疗的疗效。

3. 免疫接种 应用疫（菌）苗对猪定期进行免疫接种，是防止传染病发生行之有效的措施。仔猪腹泻疾病是常发病之一，而且在出生后1～2天就会出现腹泻。预防初生仔猪的腹泻病，主要通过免疫怀孕母猪，使母猪奶汁中含有较高母源抗体，初生仔猪通过吸吮母乳获得保护性抗体，这样在哺乳期中会不发生或少发生腹泻疾病。如仔猪红痢、黄痢、传染性胃肠炎、流行性腹泻的疫（菌）苗均在母猪产前6周和产前2周各免疫1次。流行季节前对断奶仔猪免疫接种，如仔猪副伤寒和白痢病。

应用大肠杆菌K88、K99、978P三价菌苗预防大肠杆菌病出现免疫效果不理想时，可从本场分离的菌株制备灭活苗对怀孕母猪和断奶仔猪免疫接种，能有效控制本病的发生，但使用一段时期，可能会出现效果不理想的情况，这时还要从病猪肠道分离菌株制成多价苗，达到满意的免疫效果。

4. 使用微生态制剂治疗 是指利用有益的细菌调节肠道中正常菌群，抑制病原菌的繁殖，达到防治腹泻疾病的目的。微生态制剂可抑制病原菌繁殖，不会造成环境的污染和产生细菌耐药株；可以代替抗生素药物，避免药物残留；还可促进动物生长发育和营养利用。注意使用微生态制剂防治肠道细菌性疾病时，一定要配合环境控制和净化，环境污染严重的猪场使用该制剂治疗效果会不理想。

以上几种防治措施相互关联，应该全面执行。不能单靠疫苗和药物，应采用综合的防制办法来控制和消灭动物传染病，保证猪场的安全生产。

第二节　猪的繁殖障碍性疾病

猪的繁殖障碍性疾病又称繁殖障碍性综合征（SMEDI），以妊娠母猪发生流产、早产，产死胎、木乃伊胎、畸形胎，产出弱仔、少仔和公母猪的不育症为其主要特征。我国的一些大中型规模化、集约化猪场都不同程度存在或发生过母猪繁殖障碍综合征，有的猪场发病和损失十分严重，给养猪业造成了巨大的损失。目前，本病在猪病中发病率高达25%以上。

一、发病原因

引起猪繁殖障碍的因素很多，一般可分为非传染性与传染性两类。非传染性因素主要为生殖器官畸形、机能障碍以及饲养管理不当等；传染性因素主要有病毒、细菌、螺旋体、衣原体等。

1. 非传染性猪繁殖障碍性疾病

（1）先天性繁殖障碍　常见的是生殖器官畸形、发育不全，输卵管阻塞或形成盲端，缺乏子宫角、实体子宫、子宫颈闭锁以及阴瓣发育过度等。

（2）机能性繁殖障碍　性腺机能减退或衰退，组织萎缩硬化以及卵巢囊肿。卵巢囊肿可分为卵泡囊肿与黄体囊肿。卵泡囊肿为卵泡上皮变性、卵泡壁增生、卵母细胞死亡，卵泡发育中断而卵泡液未被吸收或增生形成；黄体囊肿为卵泡壁细胞黄体化、增生变性形成。

（3）子宫内膜炎　是母猪常见的一种繁殖障碍。人工授精过程消毒不严、助产不当、胎衣不下等因素均可引起，可致母猪发情异常，不易受孕，或即使受孕也易流产。

（4）营养性繁殖障碍　高能量日粮可使母猪过肥，特别是在缺乏运动的情况下，在输卵管、子宫角与卵巢中沉积脂肪，卵泡细胞变性，致肥胖性不育。如果日粮中能量与蛋白质严重不足，可致母猪瘦弱，初情期延迟，不发情，卵泡停止发育或形成卵泡囊肿。维生素严重缺乏时会影响母猪妊娠及胎儿的发育，在母猪日粮中添加维生素 A、维生素 D、维生素 E 可改善繁殖效果，缩短繁殖间隔，提高受胎率，增加产仔数。缺乏矿物元素如钙、磷、碘、铁等也影响猪的繁殖，使胎儿死亡、产弱胎或木乃伊胎，有时引起流产，产死胎增多。

（5）应激性繁殖障碍　热应激可引起母猪发情不规律，影响公猪精液品质，受精率降低，胚胎死亡，流产或产仔数减少。

2. 传染性繁殖障碍性疾病

（1）猪瘟（HC）　见猪的重大疫病部分。

（2）猪繁殖与呼吸综合征（PRRS）　又称蓝耳病，是由猪繁殖与呼吸综合征病毒引起的一种繁殖和呼吸障碍传染病。主要特征是发热、厌食，母猪妊娠后期发生流产、死产、产木乃伊胎和弱仔等，幼龄仔猪发生呼吸道症状。该病病原（PRRSV）主要侵害妊娠母猪和哺乳仔猪。没有特效治疗药物，只能靠疫苗免疫预防，同时加强卫生消毒管理。

（3）猪细小病毒病（PP）　该病是引起猪繁殖障碍的主要病因之一，世界范围内均有发生和感染，我国猪细小病毒病抗体阳性率达 80% 以上。细小病毒病多感染在春夏季配种的头胎母猪，自然感染途径一般是消化道、呼吸道，病毒可通过胎盘传胎儿，带毒公猪可通过配种由精液传染给母猪，导致流产、畸形胎、木乃伊胎及胎儿死亡。

（4）猪流行性乙型脑炎（JE）　由乙型脑炎病毒引起的一种人兽共患病。猪被感染后，大多数不显症状，主要导致青年妊娠母猪死胎、流产综合征与公猪睾丸炎，少数病例表现神经症状。我国为乙脑高发区，蚊子为传播媒介，夏季发病率最高，发病猪多在 6 月龄左右。

（5）猪伪狂犬病（PR）　见猪呼吸系统疾病。

（6）猪附红细胞体病（ES）　是由猪附红细胞体引起的猪的一种血液病，属于人兽共患病。该病病原属于立克次氏体，一年四季都可发生，但主要发生在温暖季节，一般在夏秋流行，病猪表现为高热稽留、废食、精神萎靡、贫血，后期出现黄疸和血红蛋白尿。任何年龄的猪均可感染本病，但主要发生于 2 月龄以内的仔猪和繁殖母猪，断奶仔猪尤其易感，对幼猪危害较为严重，病死率较高，一般 1 周内死亡。妊娠母猪发生流产、死胎。

该病可通过摄食血液和含血的物质，如舔食断尾的伤口，互相殴斗或喝被血污染的尿而直接传播。间接传播可通过活的媒介（如虱子、蚊子）和非生命的媒介（如被污染的注射器及其他外科手术器械）传播，交配等也可能传播本病。

（7）布鲁氏菌病（BS）　是由布鲁氏菌引起的一种人兽共患的急性或慢性传染病。猪不分品种和年龄都有易感性。病猪和带菌猪是主要传染源，病菌主要存在于被感染母猪的胎儿、胎衣、乳房及淋巴结中。病母猪流产时是最危险的时期，可从胎儿、胎衣、胎水、奶、尿、阴道分泌物中排出大量细菌，污染产房、猪圈及其他物品。流产母猪的乳汁也在一定时期内排菌。病公猪可以通过精液传播传染母猪。传播途径主要是消化道，即通过采食被污染的饲料和饮水感染，其次是皮肤、黏膜及生殖道。本病有强的侵袭力和扩散力，不仅可从破损的皮肤侵入机体，而且可以从无创伤的皮肤、黏膜侵入机体。幼龄猪对本病有一定抵抗力，随着年龄增长易感性增高，性成熟后对本病很易感。5月龄以下的猪对本病有一定的抵抗力。布鲁氏菌感染猪多呈隐性经过，少数出现典型症状，表现为母猪流产、不孕，公猪睾丸炎等。母猪流产多发生在妊娠后第4～12周，病猪主要表现为精神沉郁、阴唇和乳房肿胀、阴道流黏性或脓性分泌物。

（8）钩端螺旋体病（TS） 属于一种人兽共患传染病。感染的鼠是本病自然疫源的主体，病畜和带菌动物是本病的传染源，主要通过消化道、鼻黏膜及损伤皮肤而感染，也可通过交配、人工授精及吸血昆虫传播。本病一年四季均可发生，但以夏秋季节为流行高峰。管理不善，圈舍、运动场粪尿、污水清理不及时，常造成本病暴发。卫生条件较差的低洼、沼泽地带繁殖的猪容易感染本病。

猪感染后，常无一定症状。大多数呈隐性感染。本病流行期间，怀孕母猪出现大批流产，死胎腐败（自溶）或呈木乃伊状，同时也有发热、生殖系统炎症。尸体剖检常见黄肝、黄脂、皮下水肿，肾有小灰白色病灶；慢性钩体病以成年猪多见，以肾脏的眼观病变最为显著，肾皮质有散在灰白色病灶。

（9）猪衣原体病（CS） 又称鹦鹉热或鸟疫，临床上可见肺炎、胸膜炎、心包炎、关节炎、睾丸炎和子宫炎等多种病型。流产多见初产母猪，妊娠母猪在怀孕后期突然流产、早产、产死胎或产弱仔。有的产出整窝死胎，有的间隔产出活仔和死胎；弱仔多在数日内死亡。本病公猪多表现为尿道炎、睾丸炎、附睾炎，配种时，排出带血的分泌物，精液品质差，母猪受胎率下降，即使受孕，流产死胎率明显升高。

猪场内活动的野鼠、禽鸟是本病的自然散毒者，带菌的种公、母猪则成为幼猪群的主要传染源，种公猪可通过精液传染本病。病猪可通过粪便、尿、唾液、乳汁排出病原体。流产母猪的流产胎儿、胎膜、羊水更具传染性。康复者可长期带菌。本病在秋冬流行较严重。

二、症状

1. 发情障碍 母猪在繁殖年龄内数月不发情或发情周期紊乱，如到了配种年龄的后备母猪不发情、断奶后母猪较长时期不发情。

2. 妊娠障碍母猪屡配不孕，或妊娠母猪发生流产、死胎、产仔不足和产木乃伊胎 母猪流产前多无临床表现，少数有短时体温升高、食欲消失等症状，但能很快恢复。发生死胎的母猪妊娠期正常或推迟，产前胎动减弱或无胎动，产仔过程中同时出现活仔和死仔，或全部是死仔，一般分娩较顺利。有的母猪在妊娠期，部分胚胎在早期被感染死亡后被母体吸收，致使产仔数减少，一般产仔数在 5 头以下。

3. 泌乳障碍 母猪患无乳综合征时，母猪在分娩时或分娩后数小时内会出现呼吸急促，发热，乳房肿大发硬、挤不出乳汁，拒乳等症状。

4. 公猪繁殖障碍 一般表现为性欲降低，精液量减少，精液品质变差或死精，生殖器官炎症。

5. 仔猪成活障碍 母猪产下的仔猪部分或全部生活力低下，不吃奶或拱奶无力，震颤或站立不稳，哀鸣，有的腹泻，体温正常或稍低，常于出生后 1～3 天死亡。

三、防制措施

1. 强化猪的科学饲养和管理 科学的饲养管理是养猪生产的关键，不仅能提高猪的生产力，而且有利于防止猪繁殖障碍性疾病的发生。饲养工作做得好，可增强机体抵抗力。应了解猪群现状，进行合理组群，淘汰先天性不育个体，同时给猪只创造良好的生活和生产条件，保持猪舍清洁舒适、通风良好，冬天能保温防寒，夏天凉爽防暑，减少疾病的发生，维持正常的繁殖生育，提高猪的繁殖率。

2. 严格的隔离和消毒 猪场须将生产区与生活区及粪便管理区彻底隔离，严禁非生产人员进入生产区。饲养员不得相互串舍，各栋猪舍的工具不得串舍使用。新引进的种猪，须隔离观察1个月后，确认健康无病并经防疫注射后才能转入生产区。全进全出的消毒方法，对于病死猪尸体须在指定的地点焚烧或深埋，粪便可用发酵法或堆积法消毒，污水可用漂白粉消毒。

3. 防疫制度 首先，应对本地区或本场的猪群进行血清学调查，了解当地疫病的感染情况，针对性地制定出免疫程序，在猪群免疫后 10～14 天，进行血清学检查，检测血清抗体的消长情况。其次，强化对传染病的检疫，严格淘汰血清阳性个体，对于健康猪群，应坚持自繁自养，严禁从疫区引进种猪及生物制品。

4. 药物防治 由于母猪繁殖障碍综合征的病因复杂，治疗时应分清病因，合理用药，联合配伍使用，以迅速抵制疾病的蔓延和利于患畜的康复，具体用药方案如下：

第一，若为病毒、细菌、寄生虫等病原引起的传染性繁殖障碍，则应以抑杀病原、提高机体免疫为主，同时诱导患畜能及时发情。

（1）本类疫病目前仍没有特效的治疗方法，疫苗免疫非常重要，对于那些尚未感染的猪群应紧急免疫相关疫苗，同时也要配合抗病毒Ⅰ号注射液以缓解疫苗免疫所出现的一切应激现象，增强免疫效果。

（2）对于某些疫病可使用高免血清如抗猪瘟血清、抗猪伪狂犬血清等，及时抑制疾病的发展，同时配合抗病毒药物如黄芪多糖、干扰素等，使患畜得以快速康复。

（3）对于衣原体、钩端螺旋体疾病，应使用四环素类、青霉素类、头孢菌素类药物治疗，如长效土霉素、强效阿莫西林、头孢噻呋钠等进行治疗，大群以混饲形式给药，个别注射。

（4）用一些抗菌性能强而广的药物以及提高机体免疫的药物，控制继发感染，提高机体的抗病性能。如复方替米先锋、长效土霉素、抗病毒Ⅰ号粉、红弓链球清、泰妙菌素、利高霉素等。

（5）治疗期间，多给患病机体创造一些有利于康复的环境条件，同时做好消毒工作，阻断疾病的传播，并定期地驱虫。

第二，若为因炎症、机能障碍等引起的非传染性繁殖障碍，则应及时消除炎症，恢复机体的繁殖功能。

（1）卵巢囊肿　用 LHRH100～300 微克、垂体前叶促性腺激素（APC）500 国际单位、绒毛膜促性素（HCG）500～1 000 国际单位、LH50～200 国际单位、黄体酮 15～20mg/次等选用一种，肌内注射 2～5 次，并通过直肠检查判断卵巢反应性，反复使用一次。

（2）持久黄体　注射前列腺素 10 毫升，当黄体消失后将子宫内异物排出。若患子宫炎或子宫积脓，可注射雌二醇 15 毫克，再注射催产素或麦角新碱，或往子宫内注入温生理盐水 500 毫升，促进异物排出。

（3）乏情　让断奶后的母猪自由接近种公猪，以便诱导发情。母猪断奶后经 3～5 天仍不见发情，可肌内注射孕马血清促性腺激素（PMSG）1 000～2 500 国际单位，1～2 次，发情后还应肌内注射绒毛膜促性腺激素（HCG）500 国际单位。15 天后仍不发情则继续观察到 30 天，如果仍不发情则应淘汰。

（4）同时使用强效阿莫西林、长效土霉素等药物消除生殖系统的炎症，利于疾病的治疗。

第三节　猪的呼吸系统疾病

目前，我国许多规模化猪场和农村养猪大户所饲养的猪大多都遭受着呼吸系统疾病的侵害，这些疾病主要有猪繁殖与呼吸综合征、猪伪狂犬病、猪气喘病、猪传染性胸膜肺炎、猪传染性萎缩性鼻炎、猪链球菌病、猪肺疫、猪流行性感冒等。这些疾病在临床症状上易于被混淆，诊疗不当常导致猪的大批死亡，造成重大经济损失。

一、种类

1. 细菌性呼吸系统疾病　主要有支原体肺炎（猪气喘病）、猪放线杆菌胸膜肺炎、猪链球菌病、进行性萎缩性鼻炎、猪肺疫等。

2. 病毒性呼吸系统疾病　主要有猪繁殖与呼吸系统障碍综合征、猪伪狂犬病、猪流感、猪瘟等。

3. 细菌和病毒混合感染的呼吸系统疾病　主要有猪呼吸道疾病综合征、猪断奶后多系统衰竭综合征等。

4. 寄生虫性呼吸系统疾病　如由蛔虫、后圆线虫、肺丝虫等引起的呼吸系统疾病。

二、致病因素

1. 传染性　呼吸道疾病在不同的猪群中可通过接触传播，也可通过空气向不同猪群传播。引起蓝耳病的病毒可通过精液传播。有些呼吸系统疾病如肺炎支原体和猪呼吸系统冠状病毒等经空气传播。许多气候因素，如风向、风速，可以促进猪群间疾病的传播扩散。

2. 环境及发病的季节性　周边地区有屠宰场及肉食品加工厂，存在呼吸道疾病疫情，对猪场来说是一个很大的威胁。猪舍小环境控制不良，如粉尘大、氨气浓度大于 50 毫升/米³、二氧化碳含量大于 0.2% 等，可造成呼吸道黏膜损伤和血液中有害成分增加，导致肺充血、瘀血、炎症。饲养密度大、转群等应激因素都会成为呼吸道疾病发生的诱因，引起呼吸道炎症。

有些呼吸道疾病的发生有着明显的季节性。总体来说，秋末、冬季、初春时，猪舍空气干燥，粉尘大，换气与保温的矛盾处理不当，常为呼吸道疾病的高发期。

3. 饲养管理水平　猪呼吸道疾病的发生与猪群的饲养管理水平有着密切关系。外引种猪有时会引起整个猪群感染呼吸道疾病；猪舍通风不良、温差大、湿度高、转群或混群应激、非全进全出的饲养方式等，都可能成为呼吸道疾病发生的诱因。

近年来，养猪业发展迅猛，猪种流动频繁，加上有些猪场饲养管理不当，由病毒、细菌混合感染或继发感染引起的猪呼吸系统疾病明显增多，如猪断奶后多系统衰竭综合征、猪呼吸道疾病综合征等，在同一病猪体内可分离到多种细菌和病毒，多病原多因素引起的疾病，常使临床症状更加复杂，给诊断和防治带来极大的困难。多种病原间相互作用，往往有一种或一种以上病原为钥匙病原，率先通过降低宿主局部或全身的防御机制而使其他病原相继侵袭感染。如猪肺炎支原体、猪繁殖与呼吸系统障碍综合征（俗称猪蓝耳病）猪的Ⅱ型圆环病毒被认为是猪呼吸系统疾病的钥匙病。因此，在预防呼吸系统疾病时，首先要对钥匙病进行有效控制，尤其是要搞好猪肺炎支原体和蓝耳病的控制，其他呼吸系统疾病才有可能相应减少。

除上述原因外，遗传因素、猪群免疫程序是否健全、保健是否科学、免疫水平、营养状况等因素都有可能造成机体抵抗力下降，诱发猪呼吸系统疾病的发生和流行。

三、临床鉴别诊断要点与治疗

呼吸系统疾病的共同症状有：①发热，病原菌产生毒素热源，刺激猪丘脑下部体温调节中枢，使体温升高。特别是链球菌病、猪肺疫、胸膜肺炎、猪流感和沙门氏菌病，体温升高到42℃以上，而慢性萎缩性鼻炎、单纯的气喘病和肺虫病通常为低热。②发绀，肺是呼吸系统传染性疾病病原攻击的主要靶组织，通常会引起肺炎，导致呼吸困难，肺与外界的气体交换功能降低，引起组织缺氧，末梢循环衰竭，耳尖、腹部皮下发紫、发黑、坏死等变化，内毒素引起的休克会加重上述症状。③呼吸困难、咳嗽，食欲降低，生长发育受阻。

确诊呼吸系统疾病应依据病史、临床观察、实验室检验和尸体剖检（包括屠宰时检查）等综合判断，并进行鉴别诊断。

1. 猪繁殖与呼吸综合征　该病俗称"蓝耳病"，是由猪繁殖与呼吸综合征病毒引起的一种传染病，传播迅速，危害广泛，造成的损失严重。

（1）临床症状　母猪表现为咳嗽，呼吸困难，产后发情推迟，甚至不发情；怀孕母猪前期流产，后期产木乃伊胎和弱仔；产的弱仔猪呼吸困难，运动失调，几天内死亡。母猪发病本身呈良性经过，很少死亡。公猪表现厌食，精神差，性欲减退，精液质量下降。1月龄内仔猪最易感染。感染后体温升高，呼吸严重困难，呈腹式呼吸；食欲减退或废绝，腹泻，离群独处或挤作一团，眼睑水肿，耳尖边缘呈紫色，肌肉震颤，共济失调。有些仔猪呈"八"字形呆立，鼻有分泌物，渐进性消瘦，少部分仔猪皮肤发紫，死亡率高达80%～100%。育肥猪对本病的易感性较差，感染后有轻度的症状，食欲减少或废绝，多数皮肤全身发红，轻度地呼吸困难，咳嗽明显，眼结膜水肿、潮红，极少数两耳发蓝或发紫。10天左右能自愈，很少死亡，但生长缓慢，饲料报酬低。

（2）剖检　可见下颌、颈、腋下、眼结膜及后肢内侧水肿；胸腔有淡黄色清亮液体；心包积液，心肌变软；弥漫性间质性肺炎；脾呈紫色，脾头肿大，切面增生。

（3）防治

①疫苗预防：本病威胁和流行地区，采用猪繁殖与呼吸综合征活疫苗进行紧急预防接种。将每瓶疫苗用专用稀释剂稀释到25毫升，在耳后肌内注射，种猪在配种前每头注射2毫升，育成猪每头2毫升，仔猪每头1毫升。

②治疗：本病尚无特效药物治疗。可用30%安乃近或复方氨基比林控制体温升高；可用磺胺类药和恩诺沙星抗菌消炎，防治继发感染；可用卡那霉素、地塞米松消除肺部炎症，解除呼吸困难。

2. 猪伪狂犬病　又名狂痒病，由伪狂犬病毒（又名猪疱疹病毒Ⅰ型）所引起的猪的一种发病急、传播迅速的烈性传染病。在我国大多省市均有发生或流行，多种动物都可感染PR发病。该病的发生具有一定的季节性，多发生在寒冷的季节，如春季、冬季，但其他季节也有发生。仔猪发病率和死亡率都高，对生产危害较大。

（1）临床症状　猪的易感性与猪的年龄有明显的关系，1～20日龄的仔猪最易感染，体温升至41～42.5℃，运动不协调，全身发抖，趴在地上口吐白沫，腹泻，痉挛抽搐，同窝中的发病率和死亡率可达100%。21日龄以上及3～4个月龄幼猪患本病时，体温也升高且稽留，呼吸困难，状如狂犬病，但不攻击人畜，只在垫草上乱钻，间或跳墙，前撞后冲，或转圈；唇肌、耳肌及四肢肌肉麻痹，不能吞咽，声音嘶哑或发出尖叫声，一般于病后4～6天死亡。4个月以上的育成猪多呈隐性感染，能长期排毒，是主要的传染源，若有症状也很轻微，仅见打喷嚏、咳嗽及体温升高等轻微症状，不采用药物治疗，一般经过4～5天能自愈。有的妊娠母猪提前或延迟分娩，病毒可经胎盘感染胎儿，发生流产，产木乃伊胎、死胎。厌食、便秘、惊厥，视觉消失和结膜炎，很少死亡。公猪感染后可引起睾丸鞘膜炎，表现出睾丸肿胀、萎缩，丧失种用能力。该病主要通过呼吸道、消化道、损伤的皮肤、黏膜等多种途径感染。仔猪常因吃了感染母猪的乳而发病。

（2）剖检　肺部暗红色；胃底部黏膜有炎症；脾脏肿胀、充血、出血；肝暗紫色；胆囊肿大 1～2 倍；肾肿大，表面有出血点；脑膜明显充血。

（3）防治

①疫苗预防：疫区、疫点及受威胁区，使用猪伪狂犬病活疫苗紧急接种，能有效地预防和控制本病的暴发和流行。生产母猪于每次配种前接种为宜，其所产乳猪可通过吮吸初乳获得被动免疫而不接种疫苗，但待断奶后仔猪需再次接种，每头 1 毫升。

②治疗：本病尚无特效药物治疗，但可试用刺激疗法，即皮下注射枸橼酸钠马血或猪血（3％枸橼酸钠 1 份加马血或猪血 3 份），每头猪用量是：15 日龄以内乳猪 10～15 毫升，16～30 日龄 16～20 毫升，31～60 日龄 21～25 毫升，2 个月龄以上 31～40 毫升。另外，采用磺胺类药和抗生素治疗可防治细菌性继发感染。

3. 猪气喘病　该病又名猪支原体肺炎，是由肺炎支原体引起猪的一种接触性慢性传染病。本病广泛存在于世界各地，发病率一般在 50％左右，在国内部分省、市猪场检查，阳性率在 30％～50％。患猪长期生长发育不良，生长率下降 12％，饲料利用降低 20％。一般情况下，本病的死亡率不高，但是流行暴发的早期以及饲养管理条件不良时，猪只抵抗力降低，继发性病原体感染也会造成严重死亡，给发展养猪业带来严重的危害。

（1）临床症状　体温、食欲通常无显著变化，主要表现咳嗽和气喘。咳嗽在早晚或吃食明显，呈连咳，呼吸增数，后变慢而加深。全身皮肤苍白，病猪贫血。本病一年四季均可发生，没有明显的季节性。但寒冷、多雨、潮湿或气温骤变时，猪群发病率上升。尤其通风不良、潮湿和拥挤的猪舍，最易发病和流行。

（2）剖检　病变特征是肺尖叶、心叶、中间叶和隔叶前缘呈

"肉样"实变。病变部切面湿润而致密，常从小支气管流出微混浊、灰白色、带泡沫的浆性或黏性液体，随着病程延长或病情加重，病变部的颜色变深，呈淡紫色或灰白色、带泡沫的浆性或黏性液体，半透明的程度减轻，坚韧度增加，俗称"胰变"或"虾肉样变"。恢复期，病变逐渐消散，肺小叶间结缔组织增生硬化，表面下陷，其周围肺组织膨胀不全。肺门淋巴结和纵隔淋巴结显著肿大，呈灰白色，切面外翻湿润，有时边缘轻度充血。肺部病变的组织学检查可见典型的支气管肺炎变化。小支气管周围的肺泡扩大，泡腔内充满多量的炎性渗出物，并有多数的小病灶融合成大片实变区。

（3）防治

①免疫接种：用猪支原体弱毒苗，种猪每年两次，母猪于怀孕 2 个月内接种，15 日龄以后的哺乳仔猪首免，3～4 月龄留作种用时二免。

②药物治疗：泰乐菌素 10 毫克/千克，肌内注射，每天 1 次，连续 3 天；泰妙菌素 20～30 毫克/千克，连用 2～3 天；林可霉素 100 毫克/千克，每天 1 次，连用 3 天；25% 土霉素油剂 0.10～0.20 毫升/千克，隔 2 天 1 次，连续 5 天；2.50% 恩诺沙星 0.10 毫升/千克，肌内注射，每天 2 次，连续 3 天。

治疗过程中，对喘气严重的病猪，每千克体重用猪喘平 30～50 毫克肌内注射，配合使用维生素 B_6，猪蛔虫感染率高的猪场用驱虫药及时驱虫，可以提高疗效。

4. 猪肺炎　由肺组织受到病原微生物或异物的刺激引起。病猪食欲减少或不吃，体温升高 1～2℃，口渴，鼻端干燥，呼吸困难，鼻翼煽动，腹式呼吸明显，频频咳嗽，胸部听到各种啰音。眼结膜潮红，鼻腔流黏液，卧草内不愿行走。

治疗：本病疗法与气喘病基本相同，原则是杀死病原，清热止咳。①用青霉素 80 万单位、链霉素 50 万单位配合鸡蛋清 10 毫升 1 次肌内注射。②按常规用量注射庆大霉素或卡那霉素，同时用 50％碳酸氢钠 25 毫升、40％乌洛托品 10 毫升、50％安钠咖 2.5 毫升，混合一次静脉注射。

5. 猪传染性胸膜肺炎 是由猪胸膜肺炎放线杆菌引起的一种接触性传染病，是猪的一种重要呼吸道疾病。抗生素对本病没有明显疗效。这种细菌寄生于扁桃体和上呼吸道。病原经飞沫或气雾在短距离内传播，在体外环境只能存活几天。可以感染从断奶到屠宰的各日龄的猪只，但通常发生于 2～4 月龄的猪当中。潜伏期非常短，最短只有 12 小时。病菌产生的毒素会导致肺部严重损伤。

（1）症状 急性的会突然发病，个别病猪未出现任何临床症状突然死亡。病猪体温达到 41.5℃，倦怠、厌食，并可能出现短期腹泻或呕吐，早期无明显的呼吸症状，只是脉搏增加，后期则出现心衰和循环障碍，鼻、耳、眼及后躯皮肤发绀，晚期出现严重的呼吸困难和体温下降，临死前血性泡沫从嘴、鼻孔流出。病猪于临床症状出现后 24～36 小时内死亡。严重的呼吸困难、咳嗽，有时张口呼吸，呈犬坐姿势，极度痛苦，上述症状在发病初的 24 小时内表现明显。如果不及时治疗，1～2 天内因窒息死亡。亚急性和慢性，多在急性期后出现。病程长 15～20 天，病猪轻度发热或不发热，有不同程度的自发性或间歇性咳嗽，食欲减退。病猪不爱活动，仅在喂食时勉强爬起。慢性期的猪群症状表现不明显，若无其他疾病并发，一般能自行恢复。呼吸异常困难，耳部变蓝。病情严重的猪精神高度抑郁，停止采食，体温升高，胸膜炎，鼻出血，偶有跛行发生，皮肤苍白。

（2）治疗 本病对多种抗生素都比较敏感。可采用抗生素和抗菌类药物进行治疗，如羟氨苄青霉素和氨苄青霉素，作用很快，药效良好；也可应用恩诺沙星、土霉素、长效土霉素等，也能收到一定的疗效。

（3）预防 尚未发生过本病或感染的猪场应制定严格的隔离措施，保证新引进的猪无本病；改善饲养环境；加强消毒制度。

第四节　猪的常见寄生虫病

寄生虫分体内寄生虫和体外寄生虫两大类。

体内寄生虫：主要有蛔虫、鞭虫、结节线虫、肾线虫、肺丝虫等，这几种体内寄生虫对猪机体的危害均较大；成虫与猪争夺营养成分，移行幼虫破坏猪的肠壁、肝脏和肺脏的组织结构和生理机能，造成猪日增重减少，抗病力下降，怀孕母猪胎儿发育不良，甚至造成隐性流产、新生仔猪体重小和窝产仔数少等。

体外寄生虫：主要有螨、虱、蜱、蚊、蝇等，其中以螨虫对猪的危害最大；除干扰猪的正常生活节律、降低饲料报酬和影响猪的生长速度以及猪的整齐度外，还是很多疾病如猪的乙型脑炎、细小病毒病、猪的附红细胞体病等的重要传播者，给养猪业造成严重的经济损失。

一、猪蛔虫病

猪蛔虫病是由猪蛔虫寄生在猪的小肠中而引起的一种常见的寄生虫病，本病主要危害 3～6 月龄的仔猪，造成生长发育不良，甚至引起死亡。

1. 发病途径　猪蛔虫繁殖能力强，1 条蛔虫可于 1 昼夜排出 11 万～28 万个虫卵，严重污染外界环境，蛔虫卵可在土壤中存活几个月至几年。本病一年四季均可发生，卫生条件差、猪只拥挤、饲料不足、微量元素和维生素缺乏时，猪只感染严重，一般是经口感染。

2. 症状　成年猪抵抗力较强，一般无明显症状，对仔猪危害严重。成虫寄生时，表现消瘦、贫血、生长缓慢；蛔虫数量较多时，引起肠梗阻和肠穿孔，出现相应的症状。有的蛔虫进入胆管，造成胆管蛔虫病，引起黄疸和腹痛症状。幼虫移行至肺时引起蛔虫性肺炎，临床表现咳嗽、呼吸增快、体温升高、食欲减退和精神沉郁。

3. 防制 2～8月龄小猪每隔2个月驱1次虫；猪粪便经堆积发酵或沼气发酵处理后可作农用，以阻止蛔虫卵的散播。圈面、墙壁、用具可用50～75℃热水冲洗，对污染地面用生石灰、2%～5%热碱水（60℃以上）及5%～10%石炭酸进行喷洒。驱虫药物有以下几种。

敌百虫：每千克体重0.1克，配成水溶液，拌料一次喂服；

左咪唑：每千克体重10毫克，拌料一次喂服；也可用5%注射液，每千克体重7毫克，肌内注射。

驱蛔灵：每千克体重0.1克，混入饲料给药。

丙硫苯咪唑：每千克体重5毫克，混入饲料或配成悬液给药。

二、猪弓形虫病

猪弓形虫病属于一种分布广泛的人兽共患病，病原是龚地弓形虫。猪暴发该病时，有时引起全群发病，死亡率高，给养猪业带来很大的危害。

1. 发病途径 该病在世界各地均有发生，并且多种动物以及人均可感染。龚地弓形虫的终末宿主是猪及猫科动物，中间宿主是各种哺乳动物和禽类，猪也是弓形虫的中间宿主。猪通过消化道、呼吸道，皮肤划伤及病、健猪同圈饲养均可感染发病。不同品种、性别、年龄的猪均可发生，但以3～6月龄猪发病较多。本病无明显季节性，但以7～9月间发病较多。

2. 发病症状 一般呈急性暴发，病猪体温升高到40～42℃，稽留不退，减食或不食，尿黄便干，呼吸困难，呈犬坐势，有的咳嗽、流鼻液，眼结膜充血，耳部、胸部以至全身出现紫红色瘀斑、腹泻等。有的猪出现癫痫发作、震颤、麻痹、不能站立等神经症状，最后极度衰竭死亡，病程 4～5 天。病程 2 周以上，呈亚急性或慢性经过。成年猪也可感染，但多无症状；妊娠母猪感染可出现死产，或生出先天感染胎儿，于短期内死亡、失明或后躯运动失调等。

3. 防治　猪场内禁止养猫，积极灭鼠。加强饲料的保管，严防被猫粪污染。磺胺类药物对本病有较好的疗效，使用方法如下：磺胺嘧啶（SD），每千克体重 60 毫克，每日 2 次，肌内注射，连用 3 天。磺胺 6-甲氧嘧啶（SMM），每千克体重 60～100毫克，口服，每日 1 次，连用 4 天。磺胺甲氧吡嗪（SMP2），每千克体重 30 毫克。甲氧苄胺嘧啶（TMP），每千克体重 10 毫克，混合后一次服用，每日 1 次。

三、猪囊虫病

猪囊虫病又称猪囊尾蚴病，是由人的有钩绦虫的幼虫（猪囊尾蚴）寄生于猪的肌肉组织中引起的一种危害严重的人兽共患病。

1. 发病途径　猪感染囊虫病与患绦虫病人的粪便有密切关系。因有钩绦虫寄生在人的小肠内，成熟虫卵的体节每 3～5 个脱落下来，随粪便排出体外，被猪吞食后而患本病，人吃发病的牛猪肉或未做熟病猪肉又能感染绦虫。

2. 症状　猪囊尾蚴少量寄生于猪体时，症状不显著。严重感染时，病猪发育不良，贫血，生长迟缓。侵害肺和喉时，出现呼吸困难、声音嘶哑和吞咽困难；寄生于眼部可引起失明或视觉障碍；寄生于脑部，有癫痫和急性脑炎症状，甚至引起死亡；寄生在舌、颊部肌肉时，引起咀嚼困难。剖检时在肌肉特别是心肌、舌肌、四肢及颈部肌肉中发现半透明囊泡，俗称"米肉"。

3. 防治　避免猪吃人的粪便，人粪经过发酵处理后再作肥料。加强屠宰检验，禁止出售有囊尾蚴的猪肉。彻底清除人体内绦虫，以防止病原传播。对病猪治疗的药物有：吡喹酮，每千克体重 50 毫克，肌内或皮下注射，连用 3 天。丙硫苯咪唑，每千克体重 60 毫克，肌内注射或口服，连用 3 天。

四、猪疥螨病

猪疥螨病又称"疥疮"，是由猪疥螨引起的一种慢性皮肤寄生虫病。5 个月龄以下小猪最易发生。

1. 症状 病猪患部极痒，在栏杆等处摩擦，经 1 周皮肤出现如针头大小的红色血疹，并形成脓疱，久之产生破溃结痂、干枯、龟裂，严重的可致死，多数表现发育不良。

2. 发病途径 主要由病猪与健康猪的直接接触或通过被疥螨及其卵污染的圈舍、垫草和用具间接接触而感染。猪舍阴暗、潮湿，环境卫生差，营养不良，均可促进本病发生。幼猪相互挤压或躺卧的习惯是本病传播的重要因素。

3. 防制 保持猪舍清洁、干燥、通风。进猪时，隔离饲养，确认无病后方可混群。对病猪舍及用具可使用草木灰水、生石灰等彻底消毒。可选用以下药物对病猪尽早治疗：敌百虫，1%溶液喷洒，应该现用现配，怀孕母猪禁用，以防流产。溴螨酯，1%水溶液，喷洒患处。溴氰菊酯：50 毫克/千克的溶液，间隔 10 天喷淋 2 次。

五、猪旋毛虫病

猪旋毛虫病是由旋毛虫的成虫寄生于肠管及其幼虫寄生于横纹肌内所引起的一种寄生虫病。主要见于猪和家鼠，犬和猫也易感染，并对人有很大危害性。猪主要是由于食入有肌肉旋毛虫的鼠类或肉屑而感染。

1. 症状　猪只有严重感染时，才能出现症状。感染后 3～7 天体温升高，腹泻，有时有呕吐，患猪消瘦。其后肌肉僵硬和疼痛，呼吸困难，发音嘶哑。有时还出现面部浮肿、吞咽困难等症状。

2. 防治　加强屠宰卫生检验，病猪肉高温处理后方可利用。扑灭饲养场周围的老鼠，老鼠尸体应加以焚毁。对病猪进行治疗的药物有：丙硫咪唑，每千克体重 10 毫克，1 次口服。噻苯咪唑，每千克体重 50 毫克，口服，连用 5～10 天。氟苯咪唑，以 125 毫克/千克的浓度拌料，连喂 10 天。

第五节　猪的重大疫病

一、猪流行性感冒

　　猪流行性感冒简称猪流感，是由猪流感病毒引起的一种高度接触性呼吸道传染病。临床上以发病急、传播快、发热、咳嗽、流鼻涕、呼吸困难、高发病率、低死亡率等为特征。猪流感病毒为正黏病毒科甲型流感病毒属，现已发现至少有 7 种不同血清型，目前流行的主要有 H1N1 和 H3N2 两种血清型。

1. 流行特点　病猪和带毒猪是猪流感的主要传染源。本病一年四季均可流行，但多发于天气多变的秋末冬初和早春，常呈地方性流行或大流行。各种年龄、性别和品种的猪都易感，发病率高达 100%，但死亡率一般低于 4%。若继发巴氏杆菌病、肺炎链球菌病等，死亡率可高达 10% 以上。

2. 症状　本病潜伏期很短，仅数小时到数天；病程短，无并发症病例的病程为 4～6 天。发病初期，病猪食欲减退或废绝，眼结膜潮红，从鼻中流出黏性分泌物，体温迅速升高至 40.5～42℃，精神萎靡，咳嗽，呼吸和心跳次数增加；后严重气喘，呈腹式或犬坐式呼吸；4～6 天后，症状迅速消失而康复。单纯猪流感的病理变化主要表现为病毒性肺炎及其他呼吸器官的炎性变化，继发或混合感染其他疾病时，病理变化会严重而复杂。

3. 治疗   目前尚无特效治疗药物。关键要加强饲养管理，如保温、保证充足的洁净饮水；营养均衡，补充维生素、微量元素等，提高猪的抵抗力。板蓝根冲剂，对本病有一定的预防和治疗作用。可服用抗生素或磺胺类药物，以防继发感染。还可以应用一些解热镇痛药如安乃近、氨基比林等，以缓解或减轻症状。本病一旦暴发，几乎没有任何措施能够防止病猪传染同群其他猪。

4. 预防   最有效的方法是给易感猪接种流感疫苗。目前市场上的疫苗主要是含 H1N1 和（或）H3N2 的灭活疫苗、亚单位疫苗。接种后，对同一血清型的流感病毒感染有较好的预防作用。本病在人畜之间能相互传播，疾病流行期间，注意对病猪隔离消毒，特别是儿童、年老体弱者应避免接近病猪群。

二、口蹄疫

1. 特点   口蹄疫（foot and mouth disease，FMD）是由口蹄疫病毒（FMDV）引起的急性、热性、高度接触性、人兽共患的传染病，以患病动物的口、蹄部出现水疱性病症为特征，被称为畜牧业的"头号杀手"，是国际检疫的一类传染病头号检疫疫病，在我国农业部公告的动物一类疫病中列为首位。它也是世界动物卫生组织（OIE）规定的 A 类烈性传染病。该病以牛、猪最易感染，羊的感染率低，有个别口蹄疫病毒的变种可传染给人。

口蹄疫发病后一般不会致死，但会使病兽的口、蹄部出现大量水疱，高热不退，使实际畜产量锐减。口蹄疫起病急、传播迅速，发病率可达100%，仔猪常不见症状而猝死，严重时死亡率可达100%。发生后如延误了早期扑灭时机，疫情常迅速扩大，造成不可收拾的局面，并且很难根除。暴发后只能扑杀，给我国畜牧业带来巨大损失。目前，我国对牲畜口蹄疫的防治及预防主要采用疫苗注射接种和扑杀两种办法。

多发生于秋末、冬季和早春，尤以春季达到高峰，但在大型猪场及生猪集中的仓库，一年四季均可发生；本病常呈跳跃式流行，主要发生于集中饲养的猪场、仓库，城郊猪场及交通沿线；畜产品、人、动物、运输工具等都是本病的传播媒介。患病的人对人基本无传染性，但可把病毒传染给牲畜，再度引起畜间口蹄疫流行。

2. 流行病学

（1）传染源 处于口蹄疫潜伏期和发病期的猪，几乎所有组织、器官以及分泌物、排泄物等都含有FMD病毒，病毒会随同乳汁、唾液、尿液、粪便、精液和呼出的空气等一起排放至外部环境，造成严重污染，形成该病的传染源。

猪发病后排毒期一般为4～5天。发病开始的急性期及水疱刚开始形成时，达到排毒的高峰期。病猪一昼夜可从呼出的气体排出10^8个ID50病毒，从粪便排出$10^{5.5}$～$10^{6.5}$ID50病毒。猪在发病动物中是产生气源性病毒滴度的最高者。

（2）传播方式 FMDV传播方式分为接触传播和空气传播，接触传播又可分为直接接触和间接接触。目前尚未见到FMD垂直传播的报道。

①接触传播：直接接触主要发生在同群动物之间，包括圈舍、牧场、集贸市场、展销会和运输车辆中动物的直接接触，通过发病动物和易感动物直接接触而传播。间接接触主要指媒介物机械性带毒所造成的传播，包括无生命的媒介物和有生命的媒介物。野生动物、鸟类、啮齿类、猫、犬、吸血蝙蝠、昆虫等均可传播此病。通过与病畜接触或者与病毒污染物接触，携带病毒机械地将病毒传给易感动物。

②空气传播：FMDV 的气源传播方式，特别是对远距离传播更具流行病学意义。感染畜呼出的 FMDV 形成很小的气溶胶粒子后，可以由风传播数十到百千米，具有感染性的病毒能引起下风处易感畜发病。影响空气传播的最大因素是相对湿度（RH）。相对湿度高于 55% 以上，病毒的存活时间较长；低于 55% 则很快失去活性。在 70% 的相对湿度和较低气温的情况下，病毒可见于 100 千米以外的地区。

（3）**易感猪感染途径**　FMDV 可经吸入、摄入、外伤和人工授精等多种途径侵染易感猪。吸入和摄入是主要的感染途径。近距离非直接接触时，气源性传染（吸入途径）最易发生。此外，不可忽视其他可能的途径，如皮肤创伤、胚胎移植、人工自然授精等。

（4）**临诊症状**　以蹄部水疱为特征（图 6-1），体温升高，全身症状明显、蹄冠、蹄叉、蹄踵发红、形成水疱和溃烂、有继发感染时，蹄壳可能脱落；病猪跛行，喜卧；病猪鼻盘、口腔、齿龈、舌、乳房（主要是哺乳母猪）也可见到水疱和烂斑；仔猪可因肠炎和心肌炎死亡。剖检在咽喉、气管、支气管和胃黏膜有时可出现圆形烂斑和溃疡，上盖有黑棕色痂块。心肌病变具有重要的诊断意义，心包膜有弥散性及点状出血，心肌切面有灰白色或淡黄色斑点或条纹，好似老虎身上的斑纹，所以称为"虎斑心"（图 6-2）。

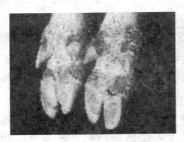

图 6-1　口蹄疫蹄部症状

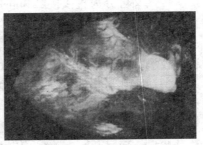

图 6-2　虎斑心

（5）鉴别诊断　口蹄疫的临诊症状主要是口、鼻、蹄、乳头等部位出现水疱。发疱初期或之前，猪表现跛行。一般情况下主要靠这些临诊症状可初步诊断，但表现类似症状的还有猪水泡病、猪水泡疹（SVE）、水泡性口炎（VS）。最终确诊要靠实验室诊断。

①病毒分离：病料最好采集水疱液和水疱皮，制成悬液。接种3～4日龄乳鼠，接种后15小时出现症状，表现后腿运动障碍，皮肤发绀，呼吸困难，最后因心脏麻痹死亡。剖检时见心肌和后腿肌有白斑病变；或接种敏感细胞，可出现细胞病变。应用口蹄疫特异性血清进行中和试验进行鉴定。

②血清学检查：血清学检查方法有补体结合试验、间接血凝试验和琼脂扩散试验、酶联免疫吸附试验、免疫荧光技术等。阻断夹心ELISA已用于进出口动物血清的检测。

（6）防制措施　口蹄疫病毒具有高效变异速度，同时产生的各种变异株间的交叉保护性抗原较少，使得在该病的防控方面变得非常的困难，主要依赖于疫苗免疫接种及环境控制。目前，国内中国农业科学院兰州兽医研究所国家参考实验室已生产出有商品化的亚洲Ⅰ型口蹄疫疫苗，并有相关的LPB‐ELISA的抗体检测试剂盒。

①环境消毒：因口蹄疫为一种对酸敏感的病毒，故应选择以弱酸性为主的消毒药，如过氧乙酸类；同时该病主要暴发于冬、春，常常是带猪消毒，在栏内通风不良情况下不适于使用氯制剂及酚类等对呼吸道黏膜有强刺激的消毒剂，以免诱发其他呼吸道疾病。一般建议每周2～3次栏内消毒、1次全场消毒，同时每周要对下水道进行及时清理及消毒。

②免疫注射：建议每年11～12月份期间对全群做一次抗体检测以确定免疫效果。具体免疫程序见表6‐1。

③紧急接种：当猪场发生疫情或猪场附近出现口蹄疫疫情时，全场各年龄段猪群要立即紧急接种口蹄疫高效浓缩灭活苗，并按"先健康群、后假定健康群，由外向里"顺序的原则，实施

表 6-1　常见疫苗的接种程序（供参考）

病名	疫苗	免疫方法	备注
猪瘟	猪瘟兔化弱毒冻干活疫苗	种公猪每年春秋季各免疫 1 次，均为 4 头份；种母猪于春秋季各免疫 1 次，配种前 15 天注射疫苗 4 头份；仔猪 25 日龄、60 日龄各免疫 1 次或出生后立即免疫接种 1 次，每次 4 头份，免疫后 2 小时仍可哺乳，60 日龄加免 1 次	常规预防疾病
口蹄疫	O 型口蹄疫 BEI 灭活油佐剂苗	商品猪场可于 9 月初开始进行全场首免，1.5～2 个月后二免，间隔 4 个月后三免；母猪 1 年进行 3～4 次全场免疫，分别在 10 月、1 月、2 月，5～6 月份进行；严格按照使用说明要求使用。仔猪 40～45 日龄首免，2 个月后加免 1 次，间隔 4 个月后进行三免，以后每 4 个月免疫 1 次，每头猪 1～2 毫升/次	
仔猪副伤寒	仔猪副伤寒弱毒冻干疫苗	仔猪断奶后（30～35 日龄）口服或注射 1 头份，65 日龄第 2 次免疫	
仔猪水肿病	含大肠杆菌 O139、O138、O141 等血清型多价油乳剂灭活苗	14～18 日龄仔猪肌内注射 1 毫升/头，10～14 天后加免 1 次；断奶猪、架子猪肌内注射 2 毫升/头	
猪乙型脑炎	猪乙型脑炎弱毒冻干活疫苗或油乳剂灭活苗	种猪、后备母猪在蚊蝇季节到来前（4～5 月份）免疫 2 次，间隔 21 天	种猪必须预防的疾病
猪细小病毒病	猪细小病毒油乳剂灭活苗	后备种猪配种前 30 天肌肉接种 1 次，15 天后再免疫 1 次；经产母猪、种公猪每年免疫 1 次	
猪伪狂犬病	猪伪狂犬病双基因缺失冻干活疫苗或油乳剂灭活苗	母猪配种前、临产前 1 个月分别免疫 1 次，留种仔猪断奶前免疫 1 次，15 天后加免 1 次；种公猪每半年免疫 1 次；仔猪 2 日龄，滴鼻免疫 1 次，35 日龄时加强免疫 1 次，每头肌内注射 1 头份	
猪繁殖与呼吸道综合征	猪繁殖与呼吸道综合征油乳剂灭活苗	种母猪配种前 1 个月肌内接种免疫 1 次，间隔 15 天再接种 1 次；产前 28 天免疫 1 次，种公猪每半年免疫 1 次	

（续）

病名	疫　苗	免疫方法	备注
仔猪黄、白痢	含 K88、K99、987P 和 F41 菌毛的多价油乳剂灭活苗	母猪产前 15～20 天免疫接种 1 次	选择性免疫
猪链球菌病	猪链球菌病多价油乳剂灭活苗	种猪配种前、产仔前 1 个月分别免疫 1 次；商品猪 30、45 日龄分别免疫 1 次	
猪传染性胃肠炎和猪流行性腹泻	猪传染性胃肠炎和猪流行性腹泻二联弱毒冻干苗或二联油乳剂灭活苗	母猪产前 20 天肌肉免疫一次	

口蹄疫高效浓缩疫苗的紧急接种工作，接种剂量应加倍（3～5毫升），接种时应严格做到每注射 1 头猪更换 1 个针头，免疫操作人员不得进入猪栏，可利用喂料吸引猪群集中在隔栏边采食，兽医工作人员站在栏外或站在猪栏隔墙上完成注射工作。

④传播途径的控制：虽然口蹄疫可以通过空气传播，但目前该病主要的传播途径仍以人及运输工具为主，因此，在猪场受到该病的威胁时，对进出人员，及买卖猪只、运料及拖粪的车辆都必须进行严格的消毒及控制，才能有效地切断其传播途径。

⑤治疗：口腔可用清水、食醋或 0.1% 的高锰酸钾洗漱，糜烂面上可涂以 1%～2% 明矾或碘酊甘油（碘 7 克、碘化钾 5 克、酒精 100 毫升，溶解后加入甘油 100 毫升）；病猪的蹄部可用 3% 臭药水或甲酚皂溶液洗涤，擦干后涂搽鱼石脂软膏，再用绷带包扎；乳房可用 2%～3% 硼酸水清洗，然后涂上青霉素或金霉素软膏等，定期将奶挤出，以防发生乳房炎。

三、猪瘟

猪瘟俗称"烂肠瘟"，又称猪霍乱，是由黄病毒科猪瘟病毒属的猪瘟病毒引起的一种急性、发热、接触性传染病。具有高度传染性和致死性，危害最大、流行最广。近年来，猪瘟由过去的典型性转为非典型的温和性猪瘟为主，给猪瘟的诊断和防制带来了新的难题。

1. 流行特点　只发生于不同品种、年龄、性别的猪，而且流行广泛；感染后还未表现临床症状时已可向外排毒，耐过猪在一两个月后甚至终生仍可带毒、排毒，引起健康猪感染发病；近些年典型性猪瘟大为减少，主要发生的是非典型性的温和性猪瘟；以零星散发为主，没有明显季节性，但寒冷季节发病加重；用疫苗免疫后猪仍有发病。

2. 临床症状

（1）典型性猪瘟　多见于未用猪瘟疫苗免疫的猪和猪群。

急性型：体温 41～42℃，滞留不退，病程可持续 1～2 周，嗜睡、怕冷、有眼屎、包皮积尿、便秘及腹泻交替，皮肤上有小的圆形出血点。

慢性型：消瘦、贫血、全身衰弱，常伏卧，行走无力，后躯摇摆，便秘腹泻交替，皮肤上有小出血点及出血斑，耳朵、尾巴干性坏死，病程可达 1 个月以上，形成"僵猪"。

（2）非典型性猪瘟　母猪出现不孕、流产、产死胎或产木乃伊胎儿。新生胎儿衰弱，吃奶无力或不吃奶，腹泻，陆续死亡。猪体内长期带有猪瘟病毒，持续向外排毒，或用疫苗免疫，不产生抗体，增重缓慢或形成"僵猪"。

3. 诊断　典型性猪瘟可根据临床症状及剖检变化作出诊断。非典型性猪瘟需依靠实验室诊断和动物试验才能确诊。

（1）急性型剖检　全身皮肤、浆膜、黏膜和内脏器官有不同程度的出血。全身淋巴结肿胀、多汁、充血、出血、外表呈现紫黑色，切面如大理石状；肾脏色淡，皮质有针尖至小米状的出血点；脾脏可见出血性梗死，脾脏的边缘有黑色的坏死斑块，突出于被膜的表面；喉头黏膜及扁桃体出血；膀胱黏膜有散在的出血点；胃、肠黏膜呈卡他性炎症；大肠的回盲瓣处形成纽扣状溃疡。

（2）慢性型剖检　主要表现为坏死性肠炎，全身性出血变化不明显，由于钙磷代谢的扰乱，断奶病猪可见肋骨末端和软骨组织分界处，因骨化障碍而形成的黄色骨化线。

4. 防制措施

（1）自繁自养，全进全出，且加强饲养管理，采用营养全面的配合饲料，提高猪体抗病力，猪圈空出后用2‰～5‰苛性钠或20‰热石灰乳涂白消毒。粪尿要定点堆积发酵，病死猪要做深埋等无害化处理。

（2）使用的疫苗要合格，要选用猪瘟单苗，并从出厂到使用时全程冷藏贮运；稀释后4小时不要再用。每注射1头猪应换1个经煮沸消毒的针头。

（3）防疫程序：在一个猪场内，猪瘟的免疫注射应达到头头不漏（表6-1）。

（4）猪瘟发生较重地区，对仔猪可用超前免疫，即仔猪出生后立即注射猪瘟疫苗2头份，过1～2小时再让仔猪吃奶。超前免疫后应在猪35日龄和70日龄时再各注射4头份猪瘟疫苗1次。

（5）为提高免疫效果，可使用猪瘟牛体反应疫苗或猪瘟淋脾疫苗。

（6）治疗：对假定健康的猪紧急接种4～6头份猪瘟细胞苗；对已发病的猪用猪瘟高免血清4倍量肌内注射；黄芪多糖注射液肌内注射；氨卞青霉素配合维生素 B_1 肌内注射。同时，在饲粮中添加土霉素拌料饲喂。

第六节　仔猪及育肥猪常见病

一、应激综合征

猪应激综合征（PSS）是现代养猪生产条件下，猪受到多种不良因素的刺激而引起的非特异性应激反应。此病经常出现。

1. 临床上猪应激表现形式

（1）急性死亡　是应激表现最为严重的形式，个别应激敏感猪在受到抓捕惊吓或注射时突然死亡，有的公猪在配种时，由于兴奋过度而死亡，有些猪在车船运输时突然死亡。

（2）应激综合征

①猪心性急死：也称致死性昏厥、急性心衰竭。主要特点是急性死亡和心肌及全身横纹肌变性，仔猪和肥育猪都可发生，死亡多突然发生于酷热的季节，事先无任何症状。

②心脏变化：主要发生于 3～4 月龄的猪，常常突然死亡，病因不明，最典型的病变是心脏广泛出血，心脏外观如桑葚。由于在心脏和其他组织中都发现有 PAS 阳性物质沉着于毛细血管和毛细血管前动脉的内膜下和管内，因而也称营养性微血管病。

③猪的应激性肌病：主要发生于肥育猪，特征是宰后肌肉水肿，变性坏死及炎症。眼观色淡，有渗出液，质地松弛。猪的应激性肌病有三种：一种是 PSE 猪肉，又称水猪肉；一种是以背肌坏死为主的肌肉坏死，又称背肌坏死；一种是腿部肌肉炎症坏死为主的疾病，又称腿肌坏死。PSE 肉国外全部废弃。

④暗猪肉：猪肉的发生是由于所受的应激原作用的强度小而时间长，肌糖消耗较多，糖原储备水平低，体内乳酸生成少，并被呼吸性碱中毒所产生的碱中和，导致猪肉色泽深暗，质地粗硬，切面干燥，这种猪肉保水能力差，切割时没有液体渗出。

⑤猪急性高热症：多见于待宰的肥育猪，使用某些全身麻醉药物，如氟烷、胆碱等引起某些应激综合征。然而与药物本身的药理作用无关。前期表现肌肉颤抖和尾发抖，继而表现呼吸困难，体表有充血、紫斑，体温迅速上升，可达到 43℃，心跳亢进，后肢痉挛收缩。重者进一步发展导致全身无力，肌肉僵硬，最后死亡。

⑥另外，猪的胃溃疡、大肠杆菌病、产褥期无乳综合征、咬

尾症、生理异常肝等都与应激有一定的关系。

（3）**慢性应激**　慢性应激死亡的猪心脏肥大，以右心及中隔最为明显，肾上腺肥大，胃肠溃疡等。无其他特殊的病理变化，这可能由于应激原作用强度不大，时断时续，作用的方式和症状比较隐蔽，容易被人们忽视。若不加以控制，这类应激也会产生有害的影响。如声音、冷应激、饥饿等都可能产生不良的累积效应，致使猪的生产性能下降，抗病力降低。

2. 应激的发病机理　当猪受到捕捉、运输、高温或寒冷、拥挤、咬斗、注射、手术等刺激后，最终导致肾上腺皮质激素（ACTH）的分泌增多，从而阻碍某些营养物质的吸收，加强分解代谢，抑制炎症和免疫反应，致使机体抵抗力下降，应激原的强度大、作用持久时，肾上腺皮质分泌功能衰竭，可造成猪发病和死亡。

3. 防治

（1）优良的品种选育和科学的饲养管理是预防 PSS 最好的办法。

（2）通过临床观察、血型鉴定、氟烷检测和 CPK（磷酸肌酸激酶）值测定，检出应激敏感猪种并淘汰，使应激基因频率下降，从而选育出抗应激的品种。具有肌颤抖、尾颤抖、皮肤易起红斑、体温易升高、3～5 周龄的应激敏感仔猪采食量少、兴奋好斗、母猪发生无乳症、繁殖障碍、公猪性欲差等应激表现的，在种猪选育时应将其逐步淘汰。

（3）饲养管理方面，猪的位置和猪栏建设合理，应避免外界因素过多的干扰，避免猪群拥挤和注意混群。屠宰场将来自不同地区的猪混群后会发生剧烈的争斗，导致猪的胴体重量下降。应尽量减少抓捕、保定、驱赶骚扰等。即使抓捕也要避免过度的惊恐刺激。猪舍温度不易突变，以防猪舍受到过冷过热的刺激产生应激反应。对难以避免的应激原，尽量让其分散，作用延缓，不使其强度扩大，饲料中维生素微量元素含量要充分，可在饲料中添加速补康。

（4）PSS 的治疗原则是镇静和补充皮质激素。镇静剂中首选药物是氯丙嗪，按每千克体重 2 毫克肌内注射。对 PSS 猪因肾上腺和甲状腺机能低下引起的应激失调可肌内注射肾上腺皮质激素和促甲状腺释放激素，进行纠正，5% 的碳酸氢钠补充电解质，纠正体液酸碱平衡障碍。猪群转群前 9 天和前 2 天按每千克体重 0.1 毫升投给亚硒酸钠维生素 E。或转群前 1 天按每天每千克 1.5 毫克口服阿司匹林。能有效地预防应激对仔猪抗自由基系统的不良影响和抑制猪体内脂质过氧化反应的加剧。

二、新生仔猪低糖血症

仔猪出生后 7 天内，体内缺少糖原异生作用的酶类，糖异生能力差，其代谢调节机能不全。在此期间，血糖主要来源于母乳和胚胎期贮存肝糖原的分解，如胎儿时期缺糖或出生后因各种原因引起仔猪吮乳不足或缺乏，加上初生仔猪活动增加，体内耗糖量增多，则有限的能量贮备迅速耗尽，血糖急剧下降。当血糖低于 50 毫克/100 毫升时，便会影响脑组织的机能活动，出现一系列神经症状，严重时机体陷入昏迷状态，最终死亡。

1. 临床症状 同窝猪中的大多数仔猪都可发病，一般仔猪出生后第 2 天突然发病，迟的 3～5 天才出现症状。仔猪初期精神不振，四肢软弱无力，肌肉震颤，步态不稳，摇摇晃晃，不愿吮乳，离群伏卧或钻入垫草呈嗜睡状，皮肤发冷苍白，体温低。后期卧地不起，被毛蓬乱无光泽，粪便尿液呈黄色；体表感觉迟钝或消失，用针刺除耳部和蹄部稍有反射外，其他部位无痛感。多出现神经症状，表现为痉挛或惊厥，空嚼，流涎，肌肉颤抖，眼球震颤，角弓反张或四肢呈游泳样划动。感觉迟钝或完全丧失，心跳缓慢，体温下降到 36～37℃，皮肤厥冷。两眼半闭，瞳孔散大，口流白沫，并发出尖叫声。病猪对外界刺激开始敏感，之后失去知觉，最终陷于昏迷状态，衰竭死亡。病程不超过36小时。

2. 病理变化　死猪尸僵不全，皮肤干燥无弹性。尸体下侧、腭凹、颈下、胸腹下及后肢有不同程度的水肿，其液体透明无色；血液凝固不良，稀薄而色淡。胃内无内容物，也未见白色凝乳块，肠系膜血管轻度充血。肝脏呈橘黄色，表面有小出血点，内叶腹面出现土黄色的坏死灶；切开肝脏后流出淡橘黄色血液，边缘锐薄，质地如豆腐稍碰即破，肝小叶分界明显；胆囊肿大充满半透明淡黄色胆汁。肾脏呈淡土黄色，表面有散在的针尖大小出血点，肾切面髓质暗红色且与皮质界限清楚。脾脏呈樱红色，边缘锐利，切面平整，不见血液渗出。膀胱底部黏膜布满或散在出血点，肾盂和输尿管内有白色沉淀物。心脏柔软。其他部位未见异常。

3. 诊断要点

（1）发病与流行特点。常由于母猪怀孕后期饲养管理不当，母猪缺奶或无奶，新生仔猪饥饿24～48小时就发病。寒冷是促使发病的诱因，因此冬末春初发病较多。

（2）病乳猪出现以神经和心脏为主的一系列症状。病初步态不稳，心音频数，呈现阵发性神经症状，发抖、抽动。后期则四肢绵软无力，呈昏睡状态，心跳变弱而慢，体温低。

（3）血糖浓度下降到5～50毫克/100毫升（正常值为90毫克/100毫升）。血液的非蛋白氮及尿素氮明显升高。

（4）治疗性的诊断，给病乳猪腹腔注射5%～20%葡萄糖注射液10～20毫升，立刻见到明显的疗效。

（5）用葡萄糖氧化酶法测定仔猪血糖，可发现病仔猪血糖低于50毫克/100毫升，而正常仔猪的血糖值为76～149毫克/100毫升。

4. 防治

（1）预防　加强母猪的饲养管理；做好初生仔猪的防寒保

暖，保证仔猪吃足初乳；应加强本病的预防，尤其在母猪的怀孕后期要增加能量饲料，或在产前 1 周到产后 5 天每天给母猪补充白糖 50～100 克，溶于水后拌入饲料让猪自食。仔猪出生后立即给予 20％的葡萄糖水口服，每头 5 毫升，每天 4 次，连喂 3 天；对常发本病的猪群可采取葡萄糖盐水补给预防，于产后 12 小时开始，给仔猪口服 20％葡萄糖盐水，每次 10 毫升，每天 2 次，连服 4 天。

（2）治疗　以补糖为主，辅以可的松制剂，促进糖原异生。①腹腔注射 5％～20％葡萄糖液 10～20 毫升，每隔 4～6 小时 1 次，直至仔猪能哺乳或吃食人工配料为止。②口服 50％葡萄糖水 15 毫升，每天 3～6 次。③地塞米松磷酸钠注射液，按每千克体重 1～3 毫克加入葡萄糖注射液内，腹腔注射；也可肌内注射，每天 1～3 次，4 天为 1 个疗程。④用 10％或 25％葡萄糖注射液 10～20 毫升，加维生素 C 0.1 克混合后，腹腔内注射，每隔 3～4 小时注射 1 次，连用 2～3 天。对症状较轻者用 25％葡萄糖液灌服，每次 10～15 毫升，每隔 2 小时用药 1 次，连用 2～3 天。为了防止复发，停止注射和灌药后，让其自饮 20％的白糖水溶液，连用 3～5 天。⑤促进糖原异生。醋酸氢化可的松 25～50 毫克或者促肾上腺皮质激素 10～20 单位，一次肌内注射，连续 3 天。

三、疝

腹腔内脏器官通过腹壁的天然孔或病理性裂口脱出称之为疝。疝分为可复性疝（疝内容物通过疝也可以纳入腹腔）及不可复性疝（疝内容物被疝孔嵌闭或疝囊粘连而不能纳入腹腔）。根据疝发生的部位，常可分为脐疝、腹股沟疝和腹壁疝。前两者多发，后者发生较少，常由外伤引起。

1. 脐疝　脐疝是腹腔内脏通过脐孔脱至皮下称为脐疝。

（1）病因　本病多见于 20 千克以下仔猪，常由于先天性脐孔闭锁不全或完全没有闭锁的仔猪。当受外界钝性暴力作用，当大奔跑、捕捉、按压等情况下，腹压增高，腹腔脏器通过脐孔进入皮下形成脐疝。

（2）症状　脐部出现大小不等的圆形隆起，触摸柔软，无痛，无热。挤压疝囊或背卧位时，疝内容物可还纳。在该处可触摸到呈圆形的脐孔，当病猪挣扎或立起时，隆起又呈现，此种为可复性疝，听诊可见肠管蠕动音，后肢提起或于推压时消失，但复原后又出现；少数病例疝内容物发生粘连或嵌闭，触诊囊壁紧张，压迫或改变体位不能还纳，若疝内容物为肠管则表现为腹痛不安、饮食废绝、呕吐，继发肠臌气死亡。

（3）治疗　脐疝治疗将肠管还纳腹腔，然后在脐部周围分点注射75％～95％酒精，每点1～2毫升，打上腹绷带，可使脐部周围发生炎性肿胀，结缔组织增生，将脐孔闭锁。手术治疗：患猪术前停食半天以上，仰卧或半仰卧保定，局部剪毛消毒，1％普鲁卡因10～20毫升作浸润麻醉。切开疝囊，暴露疝内容物。如疝内容物无粘连，未嵌闭，则将之还纳腹腔。如发生粘连，应小心钝性剥离后还纳。疝环过小时，可扩大后再还纳。修整疝环，闭合疝孔，缝合腹壁，然后撒些青霉素粉或磺胺粉，皮肤进行结节缝合。

2. 腹股沟阴囊疝　是肠管通过腹股沟管进入腹股沟内或进入阴囊的疾病。

（1）病因　腹股沟阴囊疝可分为先天性和后天性，临诊多见先天性的。腹股沟管位于腹壁内靠近耻骨部，是由腹内斜肌和腹外斜肌构成的漏斗状裂隙，腹股沟管朝向腹腔面有一椭圆形腹股沟内环，而朝向阴囊面有一裂隙状的腹股沟外环。若腹股沟管内环过大，肠管可通过大的内环进入腹股沟管至阴囊而发病。

（2）症状　患侧阴囊肿胀，紧张发亮，触之柔软有弹性，无热痛，有发硬、敏感，听诊有肠蠕动音。提起小猪后肢，可将疝内容物还纳到腹腔。但放下后肢或腹压增大，疝囊又增大。如果发生嵌闭性阴囊疝，病猪全身症状明显，出现剧烈的腹痛、呕吐，不愿运动，行走时两后肢分开，阴囊皮肤紧张、浮肿，阴囊皮肤发凉，此时多数肠管与阴囊壁有粘连。严重者肠管、阴囊壁、睾丸坏死。

（3）治疗　可复性腹股沟阴囊疝，多数为先天所致，随着年龄的增长，大部分可自愈。疝孔过大或嵌闭性阴囊疝，宜尽早手术治疗。将患猪倒立保定或者仰卧保定，术部剪毛、消毒，局部麻醉，从腹股沟的前方联合处开始沿精索切开皮肤和筋膜，而后将总鞘膜剥离出来，用手将鞘膜腔的肠管送回腹腔，从鞘膜囊的顶端沿纵轴捻转，在靠腹股沟环处将精索结扎。若有粘连现象，宜小心剥离，以防剥破肠管，剥离后将其还纳腹腔，在确定内容物全部还纳腹腔后，在总鞘膜和精索上打一双重结，然后切断，撒布消炎药，缝合皮肤，外涂碘酊。对于未去势的公猪，可同时摘除睾丸。术后应加强护理，不宜喂得过饱，应限制剧烈活动，防止腹压过高和感染。

3. 腹壁疝

（1）病因　暴力挫伤腹肌或腱膜破裂，腹腔脏器经破裂间隙进入皮下突出腹壁，以皮肤、皮下组织为疝囊，疝门较大，不易嵌闭，疝内常为小肠、网膜、子宫、膀胱等，多发于下腹部。病初患部似肿块，柔软，疼痛，皮下出血、水肿，难触及疝门，待消肿后疝内容物有还纳性。

（2）治疗　手术疗法，猪横卧保定或仰卧保定，术部剪毛消毒，用1%普鲁卡因皮下浸润麻醉，在疝囊与疝轮一致方向做切口，将疝内容物送入腹腔内，如肠管发生粘连，应小心分离后再送入。缝合腹肌与腹膜，最后结节缝合皮肤。

四、相食症

相食症是肥育猪饲养中常见的一种恶癖，最常见的是咬尾，其次是咬耳等部位。相食症在育肥猪生产过程中造成的危害和损失很大，被咬部位伤口感染会扩展到全身，化脓感染伤口会蔓延到脊椎，形成恶臭的化脓灶或者在内脏器官、关节处出现脓肿。在肉检时明显可见这些脓肿，常会造成部分胴体或全部胴体废弃掉。

1. 发病原因 环境是最重要的原因之一。猪舍内温度过高，空气污浊、通风不畅、噪声、重新组群以及圈内缺乏垫草，养殖密度过大，采食槽位不够和供水不足都会引发相食症；日粮营养构成不合理也是诱因，特别是高能饲粮，粗纤维过少和动物性蛋白严重不足的日粮。饲粮中钙量不足 0.8% 或超过 2.0% 和盐含量低于 0.5% 也会引起相食症，同时也要注意碘、铁、铜和钴的含量。贫血、皮肤外伤和皮肤病等也可引起猪相食症。

2. 防治措施 加强看护，尤其有不良环境条件等诱因存在时，要特别注意，一旦发现猪被咬，要立即分出隔离饲养。可以考虑在圈内放置"玩具"或每天向圈内投放些牧草分散猪的注意力。

发现猪群体性相食时，可到兽药店购"止咬灵"拌料喂；在饲料中添加碳酸锌和碳酸氢钠，也可在饮水中加入碘酊让猪饮用；每天每头猪喂 20 克食盐对相食症有暂时的缓解作用；仔猪生后 4 天内断尾，可最大限度地控制咬尾症出现，但若存在诱因，则会咬耳、阴户、四肢等部位。科学的饲养管理是控制相食症的最佳方法。

五、硒和维生素 E 缺乏症

硒和维生素 E 缺乏症主要发生于仔猪，表现为肌营养不良（白肌病）、营养性肝病（肝营养不良）、桑葚心和渗出性素质等几种类型。

1. 病因 主要是饲料中缺乏微量元素硒或维生素 E。我国很多地方的土壤中低硒环境是硒缺乏症的根本原因。

2. 种类

（1）**营养性肌营养不良（白肌病）** 一般多发生于 20 日龄左右的仔猪，成年猪少发。患病仔猪一般营养良好，在同窝仔猪中身体健壮而突然发病。体温一般无变化，食欲减退，精神不振，呼吸困难，喜卧，常突然死亡。病程稍长者，后肢强硬，弓背，行走摇晃，肌肉发抖，步幅短而呈痛苦状，有时两前肢跪地移动，后躯麻痹。部分仔猪出现转圈运动或头向侧转。心跳加快，心律不齐，最后因呼吸困难、心脏衰弱而死亡。剖检见骨骼肌、特别是后躯臀部肌肉和股部肌肉色淡，呈灰白色条纹，膈肌呈放射状条纹。切面粗糙不平，有坏死灶。心包积水，心肌色淡，尤以左心肌变性最为明显。

（2）**营养性肝病** 多见于 3 周至 4 月龄的小猪或育肥猪。急性者亦多为体况良好、生长迅速的仔猪，常在没有先兆症状下而突然死亡。病程较长者，可出现抑郁、食欲减退、呕吐、腹泻症状。有的呼吸困难，耳及胸腹部皮肤发绀。病猪后肢衰弱，臀及腹部皮下水肿。病程长者，多有腹胀、黄疸和发育不良。剖检见皮下组织和内脏黄染，急性病例的肝呈紫黑色，肿大 1～2 倍，质脆易碎，呈豆腐渣样。慢性病例的肝表面凹凸不平，正常肝小叶和坏死肝小叶混合存在，体积缩小，质地变硬。

（3）**桑葚心** 见图 6-3。仔猪外观健康，但几分钟内突然死亡。体温无变化，心跳加快，心律失常。有的病猪皮肤出现不规则的紫红色斑点，多见于两肢内侧，有时甚至遍及全身。剖检见心肌斑点状出血，心肌红斑密集于心外膜和心内膜下层，使心脏在外观上呈紫红色的草

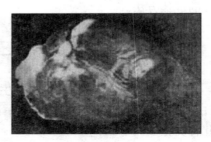

图 6-3 桑葚心

莓或桑葚状。循环衰竭，肺水肿，胃肠壁水肿，体腔内积有大量易凝固的渗出液。胸腹水明显增多，透明，橙黄色。

3. 防治措施

（1）治疗 对发病仔猪，肌内注射亚硒酸钠维生素 E 注射液 1～3 毫升（每毫升含硒 1 毫克，维生素 E50 国际单位），也可用 0.1% 亚硒酸钠溶液皮下或肌内注射，每次 2～4 毫升，隔 20 日再注射 1 次。配合应用维生素 E50～100 毫克肌内注射效果更佳。

（2）预防 ①应注意妊娠母猪的饲料搭配，保证饲料中微量元素硒和维生素 E 等添加剂的含量。仔猪日粮中含硒量应达到 0.3 毫克/千克左右，妊娠及怀孕母猪日粮中含硒量应达到 0.1 毫克/千克以上。维生素 E 的需要量：4.5～14 千克的仔猪以及怀孕母猪和泌乳母猪为每千克饲料 22 国际单位，其他猪为每千克饲料 11 国际单位。②缺硒地区的妊娠母猪，产前 15～25 天内及仔猪生后第 2 天起，每 30 天肌内注射 0.1% 亚硒酸钠 1 次，母猪 3～5 毫升，仔猪 1 毫升。另外，还要注意青饲料与精饲料的合理搭配，防止饲料发霉、变质。③泌乳母猪的饲料中可以加入一定量的亚硒酸钠，每次 10 毫克，以防止哺乳仔猪发病。

第七节 其他常见病

一、仔猪水肿病

仔猪水肿病又名猪胃肠水肿，是由致病性大肠杆菌所引起的一种急性、高度致死性、散发性传染病。多发生在春秋季，以健壮的仔猪最常见，瘦弱的仔猪很少发生。

1. 症状 主要发生于断乳小猪，小猪突然发病，精神沉郁，绝食，体温 38.6～39.4℃，眼睑水肿下垂，下颌及颈部水肿，有的头盖部也出现水肿，眼结膜充血，步态不稳，不久出现反应过敏，共济失调，盲目行走或转圈，叫声嘶哑。心跳疾速，呼吸快而浅，后期倒地不起，四肢呈划水样，最后昏迷死亡。

2. 剖检　主要变化为水肿。胃壁水肿，切开可见黏膜和肌层之间有一层无色、茶色或红色胶样水肿。胃底黏膜出血。大肠系膜也呈胶样水肿。小肠黏膜出血，全身淋巴结水肿和充血、出血。心包、肠、腹有较多积液。喉头、肺及大脑有的见水肿，有的病猪无明显水肿，而呈明显出血性肠炎。

3. 防治

（1）预防　加强断乳前后仔猪的饲养管理，提早补料，训练采食，提高断乳后仔猪的适应能力，避免管理应激；仔猪（14～18 日龄）一律注射猪水肿病疫苗，免疫期为 1 个月。新购仔猪注射猪水肿病-链球菌病二联苗，免疫期为 4 个月；断奶要循序渐进。仔猪要饲喂营养平衡、全面、易消化和吸收的配合饲料；饲料中加入亚硒酸钠维生素 E 粉，每 50 克加配合饲料 100～150 千克；断奶后 2 星期内，饲料中加抗生素，每 500 克土霉素粉加配合饲料 250～500 千克。仔猪体重达 20～25 千克时，可进行自由采食。

（2）治疗　原则是综合对症治疗，即抗菌、强心、利尿、解毒。紧急接种仔猪水肿病疫苗，并配合辅助治疗；链霉素 20 万单位；樟脑、强心安那等强心药物选其一，剂量 3～5 毫升；利尿剂，如呋塞米等；消肿药，2.5％恩诺沙星注射液，每千克体重 10 毫升，肌内注射，每天 2 次，连用 2～3 天；口服泻盐适量，饲料中加入多维粉适量。

二、猪丹毒病

猪丹毒病是由猪丹毒杆菌引起的急性、热性传染病。本菌为需氧菌，对外界的抵抗力较强，耐酸性强，对热敏感。常用的消毒药能迅速将其杀死。急性败血症的特征为出现亚急性皮肤疹块，慢性败血症的特征为多发性关节炎和心内膜炎。

1. 流行病学 主要发生于猪，4～6 月龄架子猪最为敏感，哺乳猪亦可发生；病猪和带菌猪是本病的主要传染源，无论病猪场和没发生过猪丹毒的猪场，都有一定比例的带菌猪（30%～50%）；通过饮食经消化道传染给易感猪；亦可通过损伤皮肤及蚊、蝇、虱等吸血昆虫传播；一年四季均发生，北方地区以炎热、多雨季节流行最盛，而南方地区，往往冬春季节流行，本病常为散发性或地方流行传染，有时也发生暴发流行。

2. 临床症状

（1）急性型（败血型） 个别健猪不显任何症状突然发病死亡。多数病猪表现明显症状，体温在 42℃以上稽留，呕吐不食，虚弱不动，强迫驱赶则发出尖叫，步态僵硬或跛行。粪便干燥，有时带血。发病 1～2 天后，皮肤有红斑，指压褪色。病死率高。哺乳仔猪和刚断奶小猪发生本病时，一般发病突然，出现角弓反张、抽搐等神经症状，很快死亡，病程 1 天左右。

（2）亚急性型（疹块型） 常在发病后 2～3 天于颈部、胸侧、背部、腹侧、四肢等皮肤处出现大小不等的疹块，有棱角，多呈扁平隆起，红色或紫红色，边缘色深，中心色浅，指压褪色并有硬感，与猪瘟按压红斑不褪色相区别。疹块发生后，体温逐渐恢复正常，数日后，病猪自行康复，病程 1～2 周。

（3）慢性型 体温正常或稍高，常见有多发性关节炎，四肢关节肿痛，病肢僵硬，走路腿瘸，多躺卧，有的并发慢性心内膜炎，发生呼吸困难，也可见慢性坏死性皮炎，常发生于耳、背、肩及尾部。

2. 防治

（1）预防 改善栏圈卫生条件。

（2）治疗 首选药物为青霉素，药效快。青霉素每千克体重 1 万单位静脉注射，或四环素每千克体重 5 000～10 000 单位，或康迪注射液每千克体重 0.1～0.2 毫克，1 日 2 次；氨苄青霉素静脉注射，或用链霉素或复方磺胺嘧啶钠，或洁霉素、泰乐菌素等治疗。

三、猪链球菌病

猪链球菌病属于一种人兽共患的急性、热性传染病，由链球菌引起。在动物机体抵抗力降低和外部环境变化诱导下，会引起动物和人发病。

本病一年四季均可发生，以冬春季多发，不同年龄均可发病，病猪和病愈带菌猪是本病的主要传染源，病原存在于各脏器、血液、肌肉、关节和排泄物中，主要经消化道和损伤的皮肤感染。根据感染发病的种类不同，发病率及死亡率均有不同。

1. 临床症状

（1）败血型　突然发病，高热稽留，嗜睡，精神沉郁，呼吸急促；浆液、黏液性鼻液，便秘或腹泻，粪便带血，尿黄或发生血尿；眼结膜潮红、充血，流泪，离心端皮肤发紫；共济失调，磨牙、空嚼。

（2）脑膜炎型　多见于哺乳仔猪，体温高，便秘；共济失调、转圈，角弓反张，抽搐，卧地不起，四肢划动，口吐白沫；最后衰竭或麻痹死亡，死亡率较高。

（3）淋巴结脓肿型　多见于颌下、咽部、耳下及颈部淋巴结发炎、肿胀，单侧或双侧，发炎淋巴结可成熟化脓，破溃流出脓汁，以后全身症状好转，形成疤痕愈合。

（4）关节炎型　主要是四肢关节肿胀，跛行，或恶化或好转。

2. 治疗　对淋巴结脓肿病猪，待脓肿软化，切开皮肤，排净脓汁。用0.1%高锰酸钾液冲洗后，再涂碘酊，为防止恶化，可用抗生素进行全身治疗。对败血性、脑膜炎型及关节炎型病猪可用下列药物治疗：青霉素，每千克体重2万～3万单位，肌内注射，连用2～3天；磺胺嘧啶，每千克体重70～100毫克，肌内注射。每天2次，连用3天；庆大霉素，每千克体重2 000～4 000单位，肌内注射，每天2次，连用3～5天；盐酸环丙沙星注射液，每千克体重2.5～5毫克，肌内注射，每天2次，连用2～3天。

第八节　疾病预防综合措施

瘦肉型猪的安全生产中，很大程度上取决于猪场是否建立以预防为主的兽医保健体系，以及对疾病的控制能力。必须加强兽医卫生与防疫设施建设，严格实施《无公害食品　生猪饲养兽医防疫准则》（NY 5031—2001），建立健全疾病监测、控制与扑灭机制，并根据各基地县猪病流行情况，制定切实可行的兽医卫生防疫制度、猪传染病的疫苗免疫预防程序和猪寄生虫病的防治措施，预防猪传染病和寄生虫病的发生，从根本上保证生产的安全性。具体的措施体现在隔离饲养、防疫卫生、消毒、免疫和保健等方面。

一、进行封闭隔离饲养

（1）猪场大门必须设立宽于门口、长于大型载货汽车车轮一周半的水泥结构的消毒池，并装有喷洒消毒设施。人员进场时应经过消毒人员通道，严禁闲人进场，外来人员来访必须在值班室登记，把好防疫第一关。

（2）生产区最好有围墙和防疫沟，并且在围墙外种植荆棘类植物，形成防疫林带，只留人员入口、饲料入口和出猪舍，减少与外界的直接联系。

（3）生活管理区和生产区之间的人员入口和饲料入口应以消毒池隔开，人员必须在更衣室沐浴、更衣、换鞋，经严格消毒后方可进入生产区，生产区的每栋猪舍门口必须设立消毒脚盆，生产人员经过脚盆再次消毒工作鞋后进入猪舍，生产人员不得互相

"串仓"，各猪的用具不得混用。

（4）外来车辆必须在场外经严格冲洗消毒后才能进入生活管理区和靠近装猪台，严禁任何车辆和外人进入生产区。

（5）加强装猪台的卫生消毒工作。装猪台平常应关闭，严防外人和动物进入；禁止外人（特别是猪贩）上装猪台，卖猪时饲养人员不准接触运猪车；任何猪只一经赶至装猪台，不得再返回原猪舍；装猪后对装猪台进行严格消毒。

（6）如果是种猪场应设种猪选购室，选购室最好和生产区保持一定的距离，介于生活区和生产区之间，以隔墙（留密封玻璃观察窗）或栅栏隔开，外来人员进入种猪选购室之前必须先更衣换鞋、消毒，在选购室挑选种猪。

（7）饲料应由本场生产区外的饲料车运到饲料周转仓库，再由生产区内的车辆转运到每栋猪舍，严禁将饲料直接运入生产区内。生产区内的任何物品、工具（包括车辆），除特殊情况外不得离开生产区，任何物品进入生产区必须经过严格消毒，特别是饲料袋应先经熏蒸消毒后才能装料进入生产区。有条件的猪场最好使用饲料塔，以避免已污染的饲料袋引入疫病。

（8）场内生活区严禁饲养畜禽。尽量避免猪、犬、禽鸟进入生产区。生产区内肉食品要由场内供给，严禁从场外带入偶蹄兽的肉类及其制品。

（9）休假返场的生产人员必须在生活管理区隔离2天后，方可进入生产区工作，猪场后勤人员应尽量避免进入生产区。

（10）全场工作人员禁止兼任其他畜牧场的饲养、技术工作和屠宰贩卖工作。保证生产区与外界环境有良好的隔离状态，全面预防外界病原侵入猪场内。

二、引进种猪的隔离

从无重大疫病的猪场引种是首选条件，尽量从一个猪场引种是最佳决策。

种猪到达目的地后，立即对卸猪台、车辆、猪体及卸车周围地面进行消毒，然后将种猪卸下，用刺激性小的消毒药对猪的体表及运输用具进行彻底消毒，用清水冲洗干净后进入隔离舍。如有损伤、脱肛等情况，应立即隔开单栏饲养，并及时治疗处理。种猪经过长途的运输往往会出现轻度腹泻、便秘、咳嗽、发热等症状，这些一般属于正常的应激反应，可在饲料中加入金霉素等进行治疗。

隔离舍经由清洗消毒后，至少应有 2 周的空置期（室内温度低于 5℃时，空置期应不少于 4 周）。理想状态下，新引进种猪应饲养在与自有猪群直线间隔 100 米以外的区。可以在饲料中或者饮水中添加常规的预防量抗生素以增强机体抵抗力。

后备种猪引入后应该隔离饲养 45 天以上，进行严格检疫；观察引进的种猪有无重大疫病，维护原有猪群的健康；让新引进种猪适应已存在于原有猪场内的病原和适应原有猪场的饲养管理流程。

引种时最好按以下程序进行：

（1）考察被引种猪场的猪群健康状况和种猪种质的优劣。

（2）引种前的检疫：选定种猪后应用血清学方法抽检布鲁氏菌、伪狂犬病等规定疫病。

（3）种猪起运前 1～2 天在饮水或饲料中加入抗应激药物，装猪前对运输工具严格清洗消毒，种猪到达目的地后先饮水，并在水中加抗应激药物，后喂料，料量由少到多、慢慢增加。

（4）隔离饲养前 2～4 周在兽医的指导监督下，认真观察种猪的临床表现，一旦发病，要认真诊断、立即治疗，如确诊带入规定疫病，要坚决淘汰。

（5）隔离饲养后 2～3 周要做免疫接种和自然感染接种，让引进种猪适应该场的环境。进行猪瘟疫苗免疫接种和原有同类猪群应该免疫接种的其他疫苗。把原场内与引进猪一样大的猪，引

进猪与原场猪按 10∶1 或 5∶1 的比例进行混养，同时每天将原
场内母猪的胎衣、死胎、木乃伊胎、哺乳仔猪粪、保育猪的粪置
于新引种猪栏内，让其自然感染接种，以获得原场内存在病种的
免疫力，但要特别注意，如果原场内存在猪气喘病等规定疫病就
不能混养；如果原场内存在猪痢疾、C 型魏氏梭菌病、猪丹毒、
球虫等病，粪便就不能用，而用木乃伊、胎盘、死胎达到此目
的。对引入的后备种猪进行一次全面的驱虫。

（6）上述程序完成后，引进种猪就可和原场猪并群。

三、养猪场的消毒

1. 消毒的种类　日常消毒（预防性消毒），据生产需要采取
各种消毒方法在生产区及猪群中进行消毒；即时消毒，发生疫情
时紧急消毒；终末消毒，空舍时的彻底消毒。

2. 消毒程序　清扫→高压水冲洗→喷洒消毒剂→清洗→熏
蒸→喷洒消毒剂。

3. 消毒方法　①带猪喷雾或熏蒸（乙酸）。②喷洒（碘制
剂、氯制剂、过氧化物等）。③擦拭（高锰酸钾、络合碘）。④浸
泡（用具消毒，新洁尔灭、来苏儿）。⑤熏蒸（空舍消毒，甲醛
与高锰酸钾以 1∶2 的配比）。

4. 猪场消毒内容　门前消毒、猪舍消毒、道路环境消毒、
猪体消毒、人体消毒和兽医化验室及器械消毒。

5. 消毒药物的选择原则　有条件的猪场最好做消毒剂使用
效果检测，包括广谱性、高效性、长效性、方便性、成本投入产
出以及安全性。用于门前、猪舍和道路环境消毒的药品，只需具
备前 5 个条件；用于猪体、人体及兽医化验室器械消毒的药品，
必须 6 个条件都具备。

6. 消毒药品使用原则　药物稀释浓度准确，现用现配。根
据消毒对象、目的、疫病种类，调换不同类型的药物。猪舍、道

路环境消毒时，一定要先彻底清扫粪便污物；各个环节的消毒周期、时间必须事先确定；针对猪场的疫病情况，最好选择 3～4 种不同类型的消毒药轮换使用。

7. 门前消毒　主要是场、分场大门、猪舍门前的消毒。门前的消毒坑、池，应事先测量好容量，作为每次配药液浓度的基数，药液内应经常捞去沉渣、污物，原则上 7 天更换 1 次药液、药效长者按有效期说明更换。

8. 猪舍消毒　新猪舍进猪前以及每批猪转群或调出后，要严格清扫、高压冲洗并空圈 7 天以上，进猪前进行药物、火焰消毒后方可进猪。饲养猪期间原则上 7 天 1 次小消毒（出猪台、用具、猪栏），半月 1 次中消毒（走道、猪栏），每月 1 次大消毒（整个猪舍带猪消毒）。

9. 道路环境消毒　指分场间的道路环境消毒，道路消毒半月 1 次，环境消毒每月 1 次。

10. 猪体消毒　刺激性大、腐蚀性强的消毒药不能使用，如氢氧化钠等。

四、制定猪场卫生防疫规程

（1）根据生产猪的目标、猪场环境、人员素质、社会状况制定相关的卫生防疫制度。包括工作人员上岗培训与考核制度，工作人员场内生活、出入猪场和在生产区工作制度，猪群的疫病监测与免疫接种制度，猪场清洁、卫生和消毒制度，外来动物和购买动物产品的管理制度，外来人员、车辆进场管理制度等。

（2）猪场职工不得饲养其他动物，场内食堂用肉应自给，职工不准从外购入、带进肉类或肉制品，已出场猪不准回流。要特别提醒，鸭子可能带口蹄疫病毒、蓝耳病病毒、高致病性禽流感病毒等，高致病性禽流感病毒在鸭子和猪间传播能提高高致病性禽流感病毒对哺乳动物的感染性和致死力。但鸭子本身不发病，只是一个重要传染源，因此，猪场不能养鸭子，也不能让猪接触鸭子，猪场要防止鸟类入侵。

（3）严禁外来人员、车辆进入猪舍，进猪场的运载工具必须严格消毒，按指定路线、固定的出猪台装载猪只。

出猪台要定期消毒，饲养管理人员严禁越过出猪台，更不许接触到运猪车。每次装猪后都应对出猪台及装猪车辆停车处进行严格、认真的清洗消毒。

（4）饲养、管理人员进出猪舍，必须更换清洁卫生并经消毒的专用工作服（含鞋、帽），经消毒池（坑），药液洗手方可进入，离开时按上述程序进行消毒和更衣，工作服不准互相借用，不准穿（带）出场外。

（5）饲养管理人员离场返回后，必须沐浴、更衣（含内衣、鞋帽），在外接触过猪等动物及鲜肉者，更换下的衣服要洗涤消毒。

（6）猪场兽医不得到场外诊治动物疫病，场内的种公猪不得对外本交配种。

（7）每天坚持打扫猪舍，保持环境清洁卫生，猪舍（含用具）和环境必须定期消毒。

（8）从外引进种猪，必须隔离观察 45 天以上，确定健康者方可并群。

（9）建立兽医卫生防疫制度和承包责任制度，由主管兽医负责监督执行，建立猪舍（特别是母猪舍）日记、疫情报告制度等。

五、疫病监测

（1）猪场应定期自行或委托兽医技术机构进行免疫监测，按监测结果制定免疫工作计划。

（2）种猪场常规监测内容有猪瘟、口蹄疫、猪繁殖与呼吸综合征、伪狂犬病、布鲁氏菌病。

（3）单纯饲养商品肉猪场常规监测内容有猪瘟、口蹄疫。

六、猪的保健

猪的保健与防疫同等重要。猪病防制中，接种疫苗预防相应的疫病是最重要的一环，但不是唯一的，有很多病到目前还没有相应的疫苗来预防。即使最好的疫苗也不可能达到100%的保护力。

保健、防疫重于治疗。猪场要控制猪病必须进行综合防制，首先要保持清洁卫生，制定严格的防疫制度和科学的免疫程序，定期驱虫。要满足不同日龄、不同生产状态猪只的福利，实行保健，使猪通过保健增强对疾病的抵抗能力，从而不发病或少发病，即使发病也容易治疗。

1. 保健方案　包括营养保健、免疫预防保健、卫生与消毒保健、药物预防保健、免疫增强保健、抗霉菌毒素保健以及驱虫保健。

（1）营养保健　只有供给营养均衡的饲料，才能保证猪只正常的新陈代谢，促进猪只机体器官的正常发育，从而保证这些组织器官的正常功能。否则会导致组织器官功能降低，进一步引发全身性疾病。

（2）免疫预防保健　重大传染性疾病需要进行免疫接种。

（3）药物预防保健　一般在应激时期如仔猪断奶前后、母猪分娩前后及保育猪转群时期、长途运输前后以及其后突变时期等，选择适当的药物进行预防保健。预防保健用药的基本原则：采用轮换用药的方式，避免同一猪群重复使用一种抗菌药物；可采用2～3种药物配伍使用，但应注意药物间的配伍禁忌，不要随意同时使用多种药物；抗菌药物不可长期使用。

（4）卫生与消毒保健　前已述。

（5）免疫预防保健　使用优质的疫苗，有计划地对猪群进行预防接种，以提高猪群对相应疫病的特异性抵抗力，是猪场控制疫病的重要措施。

（6）抗霉菌毒素保健　养猪业中危害严重的霉菌毒素有玉米赤霉烯酮、黄曲霉毒素、呕吐毒素以及 T-2 毒素。

①玉米赤霉烯酮（F-2 毒素）：主要存在于玉米、麦类、稻谷中，危害猪的生殖器官，可以造成母猪阴户肿胀潮红、阴道炎、发情不规则；成年母猪久配不孕，后备母猪假发情；妊娠母猪流产、死胎增多；生殖激素紊乱，不断发情，假怀孕；仔猪虚弱，厌食，生长发育不良等。

②黄曲霉毒素：主要存在于豆粕中，危害猪的肝、肾、神经系统等器官，可引起免疫抑制、免疫功能低下、食欲下降、生长受阻、中毒等。

③呕吐毒素、T-2 毒素：由镰刀菌产生，主要存在于玉米、麦类、稻谷中，是最强的免疫抑制剂，破坏猪的免疫系统，降低猪的免疫应答能力，引起采食量下降、皮肤炎症、呕吐等。

④解决办法：配合饲料时精选优质原料，控制水分和温度，在干燥及通风良好处贮存，严禁使用发霉变质的饲料喂猪。生产配合饲料时，添加北京生泰尔生产的驱霉，防止饲料霉变。轻度发霉饲料可添加霉菌毒素处理剂进行脱毒，并添加免疫增强剂；轻度玉米发霉用 5%～10% 石灰水浸后用清水冲洗。

（7）驱虫保健　驱虫是保健之首。猪疥螨是规模化养猪场四大顽症之一。猪的体内寄生虫，如蛔虫、肺线虫等对猪的日增重和饲料转化率有直接影响，患寄生虫病时可继发其他疾病，造成很大的损失。因此，应对猪体内外寄生虫进行预防性驱虫，消除危害。

①驱虫保健原则：虫体成熟前驱虫和做好驱虫前后的卫生；阻断蠕虫从母猪垂直向仔猪传播；防止猪只生长肥育阶段再感染。

②驱虫药的选择：根据猪场环境及猪的实际情况，按照猪兽药使用的规定正确选择抗寄生虫药。应选择高效、安全、广谱、无毒、无残留以及能杀成虫、杀幼虫、灭虫卵的抗寄生虫药物，如伊维菌素＋芬苯达唑。另外，还有盐酸左旋咪唑、磷酸哌嗪、丙氧苯咪唑。

③制定猪场驱虫保健模式：种公猪每年4月初、10月底各驱虫1次；母猪于产前1～4周驱虫1次；后备母猪在初配前2～3周驱虫1次；仔猪断奶转群前驱虫1次；新购猪只驱虫2次，隔离至少30天才能并群；商品猪在保育结束时驱虫1次。另一种简单的驱虫保健模式是：全场同时驱虫，3个月驱虫1次。此外，要彻底清洁环境，及时处理粪便，防止再次感染。

以上就是对不同日龄、不同生产状态的猪只实行的全程保健方案。

2. 免疫保健的注意事项

（1）免疫程序的制定

①应按照《中华人民共和国动物防疫法》及配套法规的要求，参照《中、小型集约养猪场兽医防疫工作规程》，结合当地疫情、猪群的免疫状态以及本场的饲养管理等实际情况，制定科学的免疫程序。

②在猪瘟母源抗体水平监测的基础上，确定首免时间。

③定期监测猪群猪瘟病毒、猪伪狂犬病病毒、猪繁殖与呼吸综合征病毒、猪细小病毒病病毒等血清抗体，确定猪群群体免疫力和病毒感染情况，为制定免疫程序提供依据。

（2）免疫接种中的注意事项

①免疫用具在免疫前后应彻底消毒。

②剩余或废弃的疫苗以及使用过的疫苗瓶要做无害化处理，不得乱丢弃。

③多种疫苗注射时，2种疫苗最好间隔1周以上。配种前后各1周，产前产后各1周禁用疫苗。

④常规免疫，要按生产节律进行阶段性免疫，规模化猪场不适合搞一刀切或季节性免疫。紧急免疫，可以搞一刀切免疫。如果药物保健做得好，许多细菌苗可以不用。

⑤疫苗的选择：阳性猪场可选择弱毒苗（活苗），阴性猪场尽量选择灭活苗；本地区 3 年内无疫情的病不用疫苗；细菌苗尽量不用（药物保健可以解决问题）。

3. 母猪的保健

（1）后备母猪的保健　后备母猪是繁殖母猪的基础，特别是新建猪场。繁殖是猪场管理中最关键的一环，繁殖率主要取决于受精率、产仔数和空怀天数。对后备母猪初配前进行保健，可以提高受精率和产仔数。

①配种前 7～15 天，每头猪注射含 150 毫克维生素 E 和 2.5 毫克亚硒酸钠的亚硒酸钠维生素 E，可提高母猪受胎率和分娩率。

②免疫预防保健：见表 6-1。

（2）产前母猪保健

①母猪产前 1 周，每天每千克体重饲喂土霉素 500 毫克，可减少新生仔猪腹泻。

②母猪产前及产后各 7 天，每吨饲料中添加 80% 泰妙菌素 125 克＋强力霉素 200 克＋阿莫西林 200 克，可切断肺炎支原体等病原由母猪传给仔猪，并能预防母猪产后泌乳障碍综合征。

③很多地方的土壤中都缺硒，造成农作物、牧草中普遍缺硒，最终造成畜体中大量缺硒。为此，于母猪分娩前 24 小时，给母猪注射 100 国际单位维生素 E 和 5 毫克亚硒酸钠（相当于 5 毫升亚硒酸钠维生素 E），能提高母猪初乳中的免疫球蛋白和仔猪血浆中的免疫球蛋白，从而提高仔猪的抗病力。

④预防子宫炎、乳房炎：母猪临产前肌内注射青、链霉素（每千克体重 2 万单位）和维生素 A、维生素 D、维生素 E 2 毫升，初生仔猪 1 毫升；有腹泻疫场，仔猪出生后灌服或肌内注射

敏感抗生素，如庆大霉素、阿莫西林、头孢噻呋钠、丁胺卡那或氟苯尼考等。

⑤产前 7～15 天内饲料添加泰乐菌素或丁胺卡那或土霉素＋磺胺二甲基嘧啶＋TMP＋黄芪多糖，产后每隔 1～2 周重复混饲。

（3）产仔母猪保健　母猪产完仔猪后极易发生产后泌乳障碍综合征（PPDS），出现大便秘结、不食、少乳或无乳、乳房炎、阴道炎、子宫内膜炎、发热、瘫痪等。严重威胁母猪的生命和繁殖力，影响仔猪的健康成长。

近年来母猪产后泌乳障碍综合征的发病率呈上升趋势，特别是子宫炎、阴道炎在有的猪场发病率高达 40％左右，使养猪场遭受较大经济损失。

①母猪产完仔，胎盘正常排出后或部分胎盘滞留时，用达力朗（法国进口的一种专门治疗家畜子宫炎、阴道炎、滴虫、念珠菌的新药，在子宫、阴道内药效扩散性强、持久，对种种原因引起的子宫炎、阴道炎有良好的治疗作用，并可消除恶露，确保母猪的繁殖机能正常）1 粒塞入子宫内。

②母猪分娩后 48 小时内肌内注射氯前列烯醇 2 毫升，能有效促进恶露排除和促使母猪泌乳，并可显著缩短断奶至发情间隔。

③母猪产完仔，注射 30％氟苯尼考注射液 10 毫升可预防子宫内膜炎、阴道炎和母猪产后泌乳障碍综合征。

经产母猪，从仔猪断奶的第 3 天起，给母猪喂食时添加 200 毫克维生素 E 和 400 毫克胡萝卜素，直到母猪发情时，将这两种添加剂的量各减一半，再喂至妊娠第 21 天，可使母猪产仔数增加约 22％，而且母猪、仔猪的体况良好，成活率高。

4. 仔猪的保健

（1）初生仔猪的保健　初生仔猪常面临死亡的威胁，能否成活下来受诸多因素的影响，特别是疫病常常造成哺乳仔猪大量死亡。由大肠杆菌引起的新生仔猪腹泻（俗称黄痢）和仔猪腹泻（白痢），在全世界的养猪场有不同程度的发生，死亡率高达50%左右，一般为20%～70%。由C型魏氏梭菌引起的仔猪血痢，对新生仔猪危害也很大，致死率一般为20%～70%。初生仔猪易感染支原体肺炎，仔猪还易感染化脓性放线菌及链球菌，造成关节炎、关节肿大、关节坏死，形成瘘管、关节变形等，甚至残废。

上述4种疫病，是仔猪培育的大敌，也是规模化养猪场的一大难题。在防疫卫生和饲养管理较好的猪场很少发生，但在规模化猪场，养猪数量多、密度大，致使这些病很难根除。

①仔猪出生后，掏净口中黏液，立即滴服链霉素2滴（约5万单位）或庆大霉素5毫克或适量，半小时后喂奶，可以消炎制菌，很好地预防新生仔猪腹泻的发生。

②猪2日龄时可肌内注射30%氟苯尼考0.2毫升。氟苯尼考是新一代广谱抗生素，对多种革兰氏菌、支原体及螺旋体作用快、作用强、药效持续时间长，不易产生抗药性。

③乳猪补铁补硒：见第五章仔猪的饲养管理。

④免疫预防保健：仔猪猪瘟超前免疫，初生颈部皮下注射1头份，2小时后喂奶，断奶后第8天打第2针，或断奶前仔母同注；伪狂犬疫苗超免，出生1头份，滴鼻；5～10日龄，猪气喘病弱毒苗肺内注射；萎缩性鼻炎二联灭活菌苗皮下注射；猪链球菌弱毒苗皮下注射；18～21日龄，传染性胃肠炎流行性腹泻（PED）二联灭活油苗，后海穴注射（冬春季节）；圆环病毒感染（PCV）及猪传染性胸膜肺炎多价灭活苗免疫。此外，还要做好母猪产前多种病的免疫。

⑤预防猪支原体肺炎（MPS）、猪传染性萎缩性鼻炎（AR）等病：自15日龄起饲料内添加土霉素＋磺胺二甲嘧啶等药，连用5～7天为1疗程，间隔7天左右反复进行，其中土霉素可用泰乐菌素、泰妙菌素、强力霉素等交替使用。

（2）断奶仔猪的保健

①免疫预防保健：断奶后1周应进行繁殖与呼吸综合征弱毒苗，伪狂犬病基因缺乏弱毒苗首免；25～30日龄，仔猪副伤寒弱毒苗首免，MPS、AR二免；45～50日龄，链球菌病二免；JE、链球菌病等免疫及驱虫工作。

②多系统衰弱综合征（PMWS）预防：对于猪圆环病毒2型（PVC2）特有的致病性，还没有开发和研制出有效的疫苗。可巧妙地利用仔猪粪便，使母猪产生母源抗体，预防PVC2等病毒。母猪在产前不断接触一些不至于使母猪发病的微生物，可在初乳中产生相应的母源抗体，PVC2、大肠杆菌等都具有这样的特性。给妊娠80天以上的母猪，每天饲喂仔猪粪便——感染材料。这样在母猪初乳中可产生高水平的PCV2、大肠杆菌等母源抗体，初生仔猪吃初乳后，可获得抵抗PCV2、大肠杆菌的抗体，对PCV2感染和仔猪腹泻有预防作用。还可在仔猪断奶前后各1周的饲料中添加抗生素和保易多（0.4%）。对PCV感染的，可选用抗生素＋黄芪多糖。

③对PMWS提前采用药物预防，控制感染。为消灭PCV2的帮凶，如蓝耳病毒、肺炎支原体、细小病毒、霍乱沙门氏菌、链球菌等，达到防制PMWS的效果，需采取综合保健方法：仔猪21日龄时，肌内注射纽氟罗0.4毫升；每吨仔猪料中添加1～2千克猪喘清或每千克添加金霉素或土霉素300毫克。

④防止呼吸道综合征（PRDC）：可选用四环素类如土霉素、金霉素、强力霉素、泰乐菌素、泰妙菌素等；水肿病、白痢及副伤寒，可选用丁胺卡那霉素、庆大霉素、氟苯尼考、痢菌净、氟喹诺酮类等药物；在血虫病发病季节，可选用土霉素、贝尼尔、阿散酸等。

⑤仔猪断奶后，转群至保育舍3天内可在饮水中添加电解多维，在饲料中可添加泰妙菌素、阿莫西林、氟苯尼考、强力霉素，连续使用1周；保育猪转群至育肥舍后于饲料中添加1周抗

菌药物，如泰妙菌素、氟苯尼考、替米考星等。育肥猪可在12～16周龄时添加针对支原体肺炎和胸膜肺炎的药物，可使用泰乐菌素或替米考星。

⑥如果哺乳仔猪或保育后期存在副猪嗜血杆菌、链球菌等感染，可使用头孢噻呋钠针剂，分别在3、7、21、28、35、42日龄进行注射。

驱虫：主要是蛔虫和疥癣，可选用伊（或阿）维菌素，注射或口服；2%～3%敌百虫猪体及环境喷雾。

七、保健性药物的添加

目前，猪病流行的新特点是呼吸道综合征、繁殖障碍综合征、无乳综合征以及新的病毒性疫病（如猪蓝耳病、猪圆环病毒病）增多，危害严重，而目前还没有研制出相应疫苗，只能定时或不定时地在饲料中添加保健性药物进行防治。安全、绿色、天然、环保、无药残的食品安全越来越受到关注，这也是保健预防药物的发展趋势。

1. 猪场常用的保健药物 猪场常在饲料或饮水中添加保健药物，多为复方制剂。

呼吸道保健药物：泰乐菌素、替米考星、泰妙菌素、强力霉素、磺胺类、氧氟沙星、多西环素、环丙沙星、氟苯尼考等。

消化道保健药物：痢菌净、安普霉素、头孢噻呋钠、磺胺类、丁胺卡那、阿莫西林、硫酸新霉素、诺氟沙星、甲砜霉素等。

抗病毒药物：黄芪多糖、金丝桃素、绿原酸、干扰素、转移因子及中药板蓝根、金银花、连翘、鱼腥草、黄连、黄芩、银耳多糖、灵芝多糖等。

抗应激药物：多维、电解质、维生素C、免疫增效剂等。

驱虫药物：伊维菌素、阿维菌素、芬苯达唑、左旋咪唑等。

2. 饲料或饮水保健药物应用时的注意事项 猪场要根据疫

情、饲养阶段等具体情况，选择饲料、饮水添加药物。母猪产前产后应重点选用预防仔猪黄白痢的消化系统药物。仔猪断奶前后应选用预防呼吸道、链球菌、应激综合征等病的药物等。

注意各类猪群的用药禁忌，妊娠母猪不能用地塞米松，初生仔猪不能用痢菌净等。另外，还需考虑其适口性，如某些中药添加量太大时会影响采食量。

3. 几种常见的保健药物

（1）猪喘清　主要成分为氟苯尼考和强力霉素等。主要用于防治猪传染性胸膜肺炎、猪气喘病、副猪嗜血杆菌病、猪萎缩性鼻炎等引起的呼吸综合征，沙门氏菌病，大肠杆菌病，猪丹毒，猪肺炎和无乳综合征；仔猪沙门氏菌感染引起的腹泻、衰竭。使用时每吨饲料中添加 1～2 千克，搅拌均匀，连用 3～5 天。

（2）复方支原净粉　主要成分为延胡索酸泰妙菌素和盐酸土霉素等。主要用于防治猪气喘病（地方流行性肺炎）、呼吸道综合征，支原体关节炎、放线杆菌胸膜肺炎、猪痢疾（血痢）和猪断奶后多系统衰弱综合征。使用时每吨饲料中添加 250～500 克，搅拌均匀，连用 3～5 天。注意泰妙菌素不能与莫能菌素、盐霉素、甲基盐霉素等聚醚类抗生素合用。

（3）利高霉素　主要成分为盐酸林可霉素和盐酸大观霉素。主要用于防治猪气喘病、猪肺炎、猪传染性胸膜肺炎、猪萎缩性鼻炎等引起的呼吸综合征，猪血痢，大肠杆菌病，母猪产后综合征等。使用时每吨饲料中添加本品 500～1 000 克，搅拌均匀，连用 7 天。

第九节　疫病控制与扑灭

一、疫病控制原则

（1）猪群发生疫病或疑似疫病时，应依照《中华人民共和国动物防疫法》和配套法规采取措施。

（2）场长应及时组织诊断，并向当地动物防疫监督机构报告，根据疫病种类采取措施。

二、发生疫病时应采取的措施

1. 猪疫病分类

一类疫病：口蹄疫、猪水泡病、猪瘟、非洲猪瘟。

二类疫病：伪狂犬病、狂犬病、布鲁氏菌病、炭疽、魏氏梭菌病、结核病、弓形虫病、棘球蚴病、钩端螺旋体病、猪乙型脑炎、猪细小病毒病、猪繁殖与呼吸综合征、猪丹毒、猪肺疫、猪链球菌病、猪传染性萎缩性鼻炎、猪支原体肺炎、旋毛虫病、猪囊尾蚴病。

三类疫病：李氏杆菌病、肺丝虫病、猪传染性胃肠炎、猪副伤寒、猪密螺旋体痢疾。

2. 疫病控制与扑灭措施

（1）猪群发生一类疫病的措施。

①猪场应立即向当地县级以上地方人民政府畜牧兽医行政管理部门报告，实施严格封锁、隔离、扑杀、销毁、消毒、紧急免疫接种等强制性控制、扑灭措施。

②猪场在封锁期间，禁止染疫和疑染疫的猪只及其产品出场，禁止外来动物入场，并对扑疫人员、运输工具及有关物品采取消毒和限制性措施。

③猪场在所有患病猪及其同栏、同群猪被扑杀、销毁后，经对该病1个潜伏期以上的监测，未再发现染疫猪，由县级以上人民政府畜牧兽医行政管理部门确认，报原决定封锁的人民政府解除封锁。

（2）猪群发生二类疫病时，应采取隔离，扑杀，销毁，消毒，紧急免疫接种，限制易感染的动物、动物产品及有关物品出入场等控制扑灭措施。

（3）猪群发生三类疫病时，应组织防治和净化。

（4）二类、三类疫病呈暴发性流行时，应禁止染疫和疑染疫的猪只及其产品出场，禁止外来动物入场，并对扑疫人员、运输工具及有关物品采取消毒和限制性措施。

（5）未列入以上三类疫病又尚未有疫苗接种的其他病，对有病史的场或区域，应定期检测，并采取相应投药措施防治。

三、猪场安全用药制度

1. 所用兽药必须来自具有《兽药生产许可证》和产品批准文号的生产企业，或者具有《进口兽药许可证》的供应商。

2. 所用兽药的标签应符合《兽药管理条例》的规定。

3. 建立并保存免疫程序记录和患病动物的治疗记录。治疗记录包括生猪编号、发病时间及症状、所用药物的商品名及有效成分、给药途径、给药剂量、疗程、治疗时间等；预防或促生长混饲给药记录包括药品名称（商品名及有效成分）、给药剂量、疗程等。

四、兽药安全使用原则

1. 允许使用消毒防腐剂对饲养环境、猪舍和器具进行消毒，但应符合《无公害食品生猪饲养管理准则》的规定，不能使用酚类消毒剂。

2. 优先使用疫苗预防动物疾病，但应使用符合《兽用生物制品质量标准》要求的疫苗对生猪进行免疫接种，同时应符合《无公害食品生猪饲养兽药使用准则》的规定。

3. 允许使用《中华人民共和国兽药典》（二部）及《中华人民共和国兽药规范》（二部）收载的用于生猪的兽用中药材、中药成方制剂。

4. 允许在临床兽医的指导下使用钙、磷、硒、钾等补充药、微生态制剂、酸碱平衡药、体液补充药、电解质补充药、营养药、血容量补充药、抗贫血药、维生素类药、吸附药、泻药、润滑剂、酸化剂、局部止血药、收敛药和助消化药。

5. 慎重使用经农业部批准的拟肾上腺素药、平喘药、抗（拟）胆碱药、肾上腺皮质激素类药和解热镇痛药。

6. 禁止使用麻醉药、镇痛药、镇静药、中枢兴奋药、化学保定药及骨骼肌松弛药；禁止使用基因工程药和激素类药；禁止食用致畸、致癌、致基因突变作用的兽药以及未经农业部批准或已淘汰的兽药，食用动物禁止使用的药物见表 6-2。

表 6-2　食品动物禁用的兽药及其他化合物清单

序号	兽药及其他化合物名称	禁止用途	禁用动物
1	β-兴奋剂类：克仑特罗 Clenbuterol、沙丁胺醇 Salbutamol、西马特罗 Cimaterol 及其盐、酯及制剂	所有用途	所有食品动物
2	性激素类：己烯雌酚 Diethylstilbestrol 及其盐、酯及制剂	所有用途	所有食品动物
3	具有雌激素样作用的物质：玉米赤霉醇 Zeranol、去甲雄三烯醇铜 Trenbolone、醋酸甲孕酮 Mengestrol，Acetate 及制剂	所有用途	所有食品动物
4	氯霉素 Chloramphenicol、及其盐、酯（包括：琥珀氯霉素 Chloramphenicol Succinate）及制剂	所有用途	所有食品动物
5	氨苯砜 Dapsone 及制剂	所有用途	所有食品动物
6	硝基呋喃类：呋喃唑酮 Furazoldone、呋喃它酮 Furaltadione、呋喃苯烯酸钠 Nifurstyrenate sodium 及制剂	所有用途	所有食品动物
7	硝基化合物：硝基酚钠 Sodium nitrophenolate、硝呋烯腙 Nitrovin 及制剂	所有用途	所有食品动物

（续）

序号	兽药及其他化合物名称	禁止用途	禁用动物
8	催眠、镇静类：安眠酮 Methaqualone 及制剂	所有用途	所有食品动物
9	林丹（丙体六六六）Lindane	杀虫剂	所有食品动物
10	毒杀芬（氯化烯）Camahechlor	杀虫剂、清塘剂	所有食品动物
11	呋喃丹（克百威）Carbofuran	杀虫剂	所有食品动物
12	杀虫脒（克死螨）Chlordimeform	杀虫剂	所有食品动物
13	双甲脒 Amitraz	杀虫剂	水生食品动物
14	酒石酸锑钾 Antimonypotassiumtartrate	杀虫剂	所有食品动物
15	锥虫胂胺 Tryparsamide	杀虫剂	所有食品动物
16	孔雀石绿 Malachitegreen	抗菌、杀虫剂	所有食品动物
17	五氯酚酸钠 Pentachlorophenol sodium	杀螺剂	所有食品动物
18	各种汞制剂包括：氯化亚汞（甘汞）Calomel，硝酸亚汞 Mercurous nitrate、醋酸汞 Mercurous acetate、吡啶基醋酸汞 Pyridyl mercurous acetate	杀虫剂	所有食品动物
19	性激素类：甲基睾丸酮 Methyltestosterone、丙酸睾酮 Testosterone Propionate、苯丙酸诺龙 Nandrolone Phenylpropionate、苯甲酸雌二醇 Estradiol Benzoate 及其盐、酯及制剂	促生长	所有食品动物
20	催眠、镇静类：氯丙嗪 Chlorpromazine、地西泮（安定）Diazepam 及其盐、酯及制剂	促生长	所有食品动物
21	硝基咪唑类：甲硝唑 Metronidazole、地美硝唑 Dimetronidazole 及其盐、酯及制剂	促生长	所有食品动物

注：食品动物是指各种供人食用或其产品供人食用的动物

7. 允许使用《无公害食品生猪饲养兽药使用准则》中允许使用的抗寄生虫药和抗菌药。其中治疗药应凭兽医处方购买。

五、兽药安全使用的注意事项

1. 加强饲养管理，尽量减少疾病的发生，减少药物的使用量。

2. 仔猪、生长猪必须治疗时，药物的使用要符合《无公害食品生猪饲养兽药使用准则》的要求。

3. 育肥后期的商品猪，尽量不使用药物，必须治疗时，严格执行药物停药期的规定，达不到停药期要求的不能上市，限制使用的药物最高残留量应符合国家相关规定。

4. 发生疾病的种公猪、种母猪必须用药治疗时，在治疗期或达不到停药期要求的不能作为食用淘汰猪出售。

建立科学、合理的兽药残留监控体系，加大兽药残留监控工作宣传力度。

第十节　安全生产中的消毒制度

1. 猪场应实行预防疫病消毒，疫病发生期间消毒和疫病终末期消毒制度。

2. 猪场应根据所需消毒物品的种类和消毒药的用途，选择方法进行消毒，并应选择同类的消毒药交替使用。选用的消毒剂应符合《无公害食品生猪饲养兽药使用准则》的规定，对人和猪安全、没有残留毒性、不会破坏设备、不会在猪体内产生有害积累的消毒剂。

3. 宜采用的消毒方法和消毒药。

（1）化学方法　化学消毒药品的用法见表6-3。

表6-3　化学消毒药品的用法及用途

药品	用　法	用　途
高锰酸钾	0.05%～0.1%溶液冲洗	家畜口腔、子宫、阴道等的冲洗，还可用于饮水的消毒
新洁尔灭	0.5%～1%溶液浸泡、冲洗、喷雾用	用于工作人员手臂、外科器具、饲料用具消毒
福尔马林（40%甲醛溶液）	采用熏蒸法，可对被污染的畜舍、孵化箱进行消毒。按每立方米空间用14毫升甲醛溶液、7克高锰酸钾，两者混合，发烟熏蒸，密闭10小时；还可采用浸泡、刷拭、喷雾和涂擦等方法消毒	用于猪舍内病原微生物、寄生虫卵和幼虫消毒，常用做在进畜前和疫病处理后猪舍消毒
过氧乙酸	0.2%～0.5%溶液喷雾、湿抹、浸泡	用于保温箱、饲料槽、饲料车、饲料箱消毒
漂白粉	0.03%～0.15%溶液	饮水消毒
	0.5%溶液	食具等的消毒
次氯酸钠	0.1%溶液喷洒	用于舍内消毒
石灰乳	10%～20%石灰乳喷洒、浸泡	消毒场地、粉刷肠道传染病的猪舍墙壁、猪栏及地面消毒，随配随用
甲酚皂溶液（来苏儿）	3%～5%溶液冲洗	用于猪舍、场地、污物、运输工具、水鞋、手套消毒
	1%～3%溶液浸泡	用具、手臂、家畜创面的冲洗和消毒
	0.5%～1%溶液冲洗	子宫、阴道
进口消毒药	按农业部登记的进口兽药质量标准使用	

（2）物理方法

①紫外线消毒：在直射阳光下曝晒，数小时翻动一次，用于工具和衣物消毒。

②干燥消毒：长期干燥环境对许多病原体有致死作用。

③火焰消毒：用火焰喷灯消毒物品、用具。

④焚毁：用火直接焚烧毒物品至炭化，用于被污染的用具、垫料、残余饲料和病猪消毒。

⑤干热消毒：在干热灭菌器（烘箱）内，加热升至 160℃，保持 2 小时，用于耐热器械用具消毒。

⑥煮沸消毒：在煮沸消毒器内加水煮沸杀菌消毒，免疫接种工具煮沸 30 分钟。

⑦高压蒸汽消毒：高压物放在高压消毒器内，加热升至 112 千帕斯卡压力下消毒。防疫用具、衣物保持在 112 千帕斯卡压力下消毒 15～20 分钟。

（3）生物方法　利用微生物的生命活动引起发酵、产热来杀灭细菌、病毒和寄生虫卵。用于粪便、粪渣消毒。

4. 鼠、蚊、蝇的控制。

（1）猪场应定期灭鼠，扑灭的鼠和残余鼠药应进行无害化处理。

（2）猪场应定期灭蚊、灭蝇。为控制蝇类的繁殖，一定要定期清除粪便。清除出的粪便应薄薄地铺在地上，通过自然干燥杀死蝇卵和幼虫。圈内的蚊蝇可用喷洒消毒药等方法消除。

5. 猪场宜开展养猪基地的危害分析与关键控制点管理（HACCP）。实行"统一管理，统一供料，统一防疫，分户饲养，独立核算"的生产模式，采取种养结合、自繁自养的全进全出的饲养模式，并按无公害饲养标准对生猪饲养基地的环境水质进行检验检测。为防止猪场疫病的暴发流行，应建立以预防为主的兽医保健体系。

第十一节　安全生产中的病猪、死猪 处理制度

1. 需要淘汰、处死的可疑病猪，不应在现场就地放血扑杀，

属疫病尸体应按《畜禽病害肉尸及其产品无害化处理规程》处理。病、死畜禽的无害化处理方法如下：

（1）湿法化制　利用湿化机，将整个尸体投入化制（熬制工业用油）。

（2）焚毁　将整个尸体或割除下来的病变部分和内脏投入焚化炉中烧毁炭化。

（3）化制　利用干化机，将原料分类，分别投入化制。

（4）高温处理　高压蒸煮法、一般煮沸法。

2. 猪场不应出售病猪、死猪。

3. 有治疗价值的病猪，应由兽医鉴定，进行诊治。

参 考 文 献

边连全.2009.养猪〔M〕.北京：中国农业出版社.

郭长华.1998.瘦肉型猪综合生产技术〔M〕.郑州：中原农民出版社.

王连纯.2004.养猪与猪病防治.2版.〔M〕.北京：中国农业大学出版社.

王永军.1998.良种瘦肉型猪快速饲养〔M〕.北京：中国农业出版社.

吴小娟.1988.瘦肉型猪养殖技术问答〔M〕.重庆：重庆出版社.

徐有生.2005.瘦肉型猪饲养管理及疾病防制〔M〕.北京：中国农业出版社.

杨小燕.2002.现代猪病诊断与防治〔M〕.北京：中国农业出版社.

郁建生.1991.怎样正确使用消毒药〔J〕.农业科技通讯，5：20-21.

张长兴.2007.猪繁殖障碍病防治关键措施〔M〕.郑州：河南出版集团，中原农民出版社.

赵芳根.1996.瘦肉型猪饲养新技术〔M〕.上海：上海科学普及出版社.

周光宏.1999.瘦肉型猪饲养技术〔M〕.北京：金盾出版社.

图书在版编目 (CIP) 数据

瘦肉型猪安全生产技术指南/李学俭主编. —北京：中国农业出版社，2012.12

（农产品安全生产技术丛书）

ISBN 978 - 7 - 109 - 17296 - 8

Ⅰ.①瘦… Ⅱ.①李… Ⅲ.①肉用型－猪－饲养管理－指南 Ⅳ.①S828.9 - 62

中国版本图书馆 CIP 数据核字（2012）第 248991 号

中国农业出版社出版

（北京市朝阳区农展馆北路 2 号）

（邮政编码 100125）

责任编辑 邱利伟 周锦玉

北京中兴印刷有限公司印刷 新华书店北京发行所发行

2013 年 1 月第 1 版 2013 年 1 月北京第 1 次印刷

开本：850mm×1168mm 1/32 印张：8

字数：198 千字 印数：1～5 000 册

定价：16.00 元

（凡本版图书出现印刷、装订错误，请向出版社发行部调换）